白骨精的

职场单人舞

Baigujingde Zhichang Danrenwu

李 贝◎著

中国华侨出版社

图书在版编目（CIP）数据

白骨精的职场单人舞／李贝著．—北京：中国华侨出版社，
2012.4

ISBN 978 – 7 – 5113 – 2216 – 6

Ⅰ.①白…　Ⅱ.①李…　Ⅲ.①成功心理－通俗读物
Ⅳ.①B848．4 –49

中国版本图书馆 CIP 数据核字（2012）第 033302 号

●白骨精的职场单人舞

著　　者/李　贝

责任编辑/文　心

封面设计/中侨智杰

经　　销/新华书店

开　　本/710×1000 毫米　1/16　印张 18　字数 220 千字

印　　刷/北京溢漾印刷有限公司

版　　次/2012 年 5 月第 1 版　2012 年 5 月第 1 次印刷

书　　号/ISBN 978 – 7 – 5113 – 2216 – 6

定　　价/32.00 元

中国华侨出版社　　北京朝阳区静安里 26 号通成达大厦 3 层　　邮编 100028

法律顾问：陈鹰律师事务所

编辑部：(010) 64443056　　64443979

发行部：(010) 64443051　　传真：64439708

网　　址：www.oveaschin.com

e-mail：oveaschin@sina.com

前言

　　走进办公室，你又迎来了一个崭新的工作日。也许你还眷恋着上学时候的朴素单纯，也许你对职场生活还有着这样那样的不适应，但为了今后的前途和钱途，你必须快速地成熟起来，强大起来，否则，你将很有可能会成为别人取代的对象。

　　算来算去，你在职场也已经闯荡了几年了，能力在不断地提高，资历也一天天的见长，对未来也有了更进一步的规划，视野也变得越来越辽阔了。但在努力向上攀登的时候，却总是遇到各种各样的瓶颈，这不禁让你感叹，职场不好混啊，白领要竞争，骨干要拼命，想成为精英的时候，老板却经常以一副严肃的面孔暗示你至少还需要好好历练几年。

　　其实，职场有的时候就像是一个大舞台，要想在中间尽情地施展自己精湛的技艺，你需要做好各个方面的准备，从外表到内质，每一个细节都要力求尽善尽美。俗话说得好："台上一分钟，台下十年功。"那些在职场自由驰骋的精英们，一定也是历经了坚苦卓绝的锻炼才一点点地走到那个位置的。要想在这个大舞台上成为一个优秀的舞者，你必须让自己得到全方位的发展和历练，只有这样你才能有所成就，才能真正成就自己心中追求已久的梦想。

1

　　那么究竟怎样做才能让自己得到全方位的锻炼呢？本书从职场人的自我修炼入手，教你如何应对与上司、同事、下属之间那些微妙的相处关系，力求将读者打造成一个精明干练，阳光大方的职场精英，一个在职场大舞台上尽显才华与魅力的优秀舞者。

著　者

目 录

Contents

第一章　做自己的舞者
——职场的自我修炼

你有哪些职场修炼呢？有人说："职场如战场，眼界决定境界，思路决定出路。"这不禁让我们感叹到职场修炼的重要性。作为企业的精英，我们究竟应该怎样完善自己，究竟应该怎样在职场这个大舞台上最大限度地展现自己？回过头来看看自己走过的路吧，它一直就在脚下，只不过你从来没有注意过，不管未来是更多的坎坷还是充满鲜花的红地毯，让我们在明确的目标和位置下变得更加从容，做自己的舞者，让自己在不断的修炼中变得更加强大。

第二章 舞出自己的"敬"字步
——当你面对上司的时候

上司不是圣人,即使再有胸怀,也不会容忍下属明里暗里把他当作射箭的靶子和发泄的目标。人与人之间都有个气场存在。经营好下属和上司之间的气场尤其重要。与上司为善,便是与己为善。

人在职场,都要与上司相处。很多人都认为上司难接近,难以像朋友那样和谐相处。其实,与上司相处同我们平日里"处朋友"、"处对象"一样,"处对象"自然有"恋爱心经","处朋友"也有"交友规则"。如何与上司相处,自然也有着不少的学问,需要我们在实践中不断地体味。

第三章 跳跃中的起落，领舞人的凝聚力
——对待下属，恩威并重

领导者与下属的关系，是领导活动中诸种关系中最重要、最普遍、最直接的人际关系。这种关系处理得好坏，直接影响领导工作的成败。一个成功的领导者必定与下属关系融洽，合作愉快，而且在下属中赢得威信；相反，一个领导者若与下属关系紧张，分崩离析，也不可能开展好工作。那么领导者应如何处理好与下属的关系呢？

想做一个好上司，真的很不容易，你必须以慈母的手，握着钟馗的剑。也就是说，平时对下属要关怀备至、要有人情味，但下属犯错误时则要严加惩罚，绝不手软。恩威并施，宽严相济，这样才能团结下属，让他们对你产生信任感，大家一起为了共同的目标而努力。

目录 Contents

第四章 和谐音乐,群起而舞
——与同事共创双赢大舞台

同事关系是办公室人际关系中最重要、最微妙的一种,同事之间既存在竞争又有合作,有互补也有冲突,同事既可以是你的朋友也可以是你的敌人。办公室里如果有很多朋友你就会逢凶化吉,如果周围都是敌人你就会寸步难行,所以应当积极地与同事建立坦诚平等、互谅互让的和谐关系,和谐的同事关系会让你的工作和生活都变得更简单、更有效率。

办公室生存是一种艺术,更是一个展示你才华的舞台,在这其中每一位白骨精既要懂得创建自己的生存空间,又要与同事相处得游刃有余。这就需要你必须赢得大家对你的认同,温柔并不软弱,善良并不驯服,坚强并不冷酷的职业形象,自然才是你的最佳风范。

第五章　舞场竞技,适者生存
——面对竞争,告诉自己:"我是强者"

职场是一个没有硝烟的战场,为了生存,我们不得不选择竞争,适者生存、优胜劣汰,为了让自己永远保持在这场战斗中立于不败之地,我们不断地提高着自己,提防着别人,考虑着对手的下一张牌是什么。由于思虑过多,我们经常会夜不能寐,担心自己会不会在这个竞争的舞台上过早地退场。

不用想了,这个世界上没有竞争就没有进步,想在这个竞争激烈的时代,做出自己最完美的表现,你必须先摆正自己的心态,我们没有必要为自己的明天而忧虑,因为明天太阳依旧会升起,记得给自己的每一天挂上一个笑脸,告诉自己"我是个强者"。

目录
Contents

第六章　柔美舞姿，情感作伴
——职场也是讲感情的

有人说职场拼的是能力，只要自己能力出众，总会盼到金子发光的那一天。然而事情并不是你想象中的那么简单。人永远不会像机械程序那样公正，因为人是讲感情的动物。就算站在你面前的领导再铁面无私，他也需要你情感上的关怀。就算你身边的同事再沉默寡言，也需要你以诚相待的那份真挚。有时候职场就像一个大家庭，既要讲求办事的能力，又要维护情感上的共鸣，这是一门绝世武功，需要我们两手都抓，两手都要硬。只有做到了这一点，我们才能在这条道路上少走弯路，轻松跨越雷区，拥有属于自己的成功与辉煌。

第七章　舞步灵活,勤能补拙
——不断思考,不断规划,不断学习

人生是需要规划的,要想在职场中拥有一片属于自己的天空,除了过硬的能力以外,还要具备有效的思考能力,快速的应变学习能力。只有不断地思考,持续地学习,规划好自己未来的目标和定位,才能向着自己的目标不断前进。才不会因为思维的僵化而过早地被别人取代。

无论什么时候都要记住,职场是充满着竞争的,这个社会将会源源不断地涌现更出色的人才,如果这个时候你的思考能力和学习能力没有跟上时代的步伐,那么等待你的将只会是失败的残局。

第八章　系好舞鞋，踮起脚尖
——绕开雷区，注意职场潜规则

在如今的职场中，能够毁坏你职业的危机比以往任何时候都要多。Twitter 上一条不当的留言、在 Facebook 发布的一次错误信息，一封过激的电子邮件。所有这些都可能会毁掉你在其他方面辛苦建立的显赫名声，这些还有可能在你同事那里成为笑料。

由此看来，职场中的雷区和潜规则还真的不少，如果一不小心陷了进去，想上来可就没那么容易了。是的，职场是一个没有硝烟的战场，想在这场战役中打出自己的精彩，并不是一件容易的事情，也许我们做不了至高的将军，但至少我们可以保全自己的安全。常言说得好："知己知彼，百战不殆。"只有真正了解职场的形势和真相，才能找到一条安全的突破口，才能灵巧地绕过潜规则，实现轻松扫雷的壮举。

第九章　优美的前跳,完美的转身
——把握进退才能趋利避害

办公室作为一个由人组成的团队,每个人都有自己的优先顺序和利害关系。如果不学会协调人与人之间的关系,即便你再拥有一身过硬的专业本领也是无济于事的。不懂得保护自己,不懂得适应环境,更不懂如何和谐共存,你将很难在职场中生存,更不要说崭露头角,得到自己应有的发展了。

想在职场中取得属于自己的成就,除了苦练内功以外,我们还需要把握好进与退的尺度,更好地保护自己,把握机会,只有这样才能有效地趋利避害,才能使自己的职场之路少些坎坷和困惑,多一些平坦和希望。

目录 Contents

第一章

做自己的舞者——职场的自我修炼

你有哪些职场修炼呢？有人说："职场如战场，眼界决定境界，思路决定出路。"这不禁让我们感叹到职场修炼的重要性。作为企业的精英，我们究竟应该怎样完善自己，究竟应该怎样在职场这个大舞台上最大限度地展现自己？回过头来看看自己走过的路吧，它一直就在脚下，只不过你从来没有注意过，不管未来是更多的坎坷还是充满鲜花的红地毯，让我们在明确的目标和位置下变得更加从容，做自己的舞者，让自己在不断的修炼中变得更加强大。

不断地付出，你一定会有回报

也许当你看到别人依靠卓越的职业表现，功成名就时会羡慕不已，但是你应该明白，要成为一个优秀的人是需要付出艰苦的努力的。毕竟"天上不会掉馅饼"，所以，在你计算回报之前，还是先考虑如何付出吧。

获得成功的人都知道，"罗马不是一天建成的"，进步必须靠一点一滴不断地努力才能实现。比如，房屋是由一砖一瓦堆砌而成的；足球比赛最后的胜利是由一个一个的进球积累而成的；商店的繁荣也是靠一位一位顾客的光临促成的。所以，每一个重大的成就都是由一系列的小成就累积而成的。

常言道："一分耕耘，一分收获。"然而，现实中很多时候辛勤耕耘却有可能一无所获，付出总是无法和收获成正比。于是，人们开始懊恼、埋怨、沮丧、感到十分痛心，疑惑无时不在困扰着你，为什么辛辛苦苦地付出却得不到应有的回报？

也许，你冒着绵绵的春雨，精心播种，顶着炙热的骄阳在田里辛勤耕耘，期待秋天有个好收成。结果天公不作美，一场洪水或旱灾使你的希望化为泡影。你倾其所有，却收效甚微，面对着惨痛的回报，你欲哭无泪。

也许，你为公司精心策划了一个方案，熬了几个通宵，废寝忘食地查资料、做计划，下笔千言，激情满怀，把自己对未来的憧憬，对工作的热爱都融入到这份计划里。结果，上司并不赏识，甚至被全盘否定，还要花上几倍的时间重新修改，更要命的是修改后依然不被采用。于是，你的满腔热情，被一瓢冷水浇得透心凉，你深深为付出与收获的不平等而气恼。

有的时候付出与收获很难达到100%的公平，更多的时候是付出多于回报。但是有付出就一定有收获，这绝对是一个永恒不变的真理。找到世界上最大钻石的人名叫索拉诺。很多人都知道他找到了一颗全世界最大的钻石——Librator。可是没有人知道，索拉诺在找到这颗钻石之前，曾经翻动过100多万颗小鹅卵石。在付出中，你一定会经受多次失败的考验，从跌倒中爬起，在失败中开拓，这难道不是收获吗？失败成就硕果，这就是最大的收获。只要我们问心无愧，又何必计较收获的少与多呢？

大学毕业的时候，小玉先后经历过几次应聘，但是都失败了。后来有一家公司通知她面试，面试完后，老总说："你家在通州，你来我们亚运村上班，就是坐地铁，你还得倒两次公交车，每天也得一个半到两个小时，公司8点半上班，你能保证不迟到吗？"小玉立刻回答："我保证每天都能准时到达！"

为了保证自己每天能准时起床，每天晚上临睡前，她给自己定三个闹钟。每天早晨5点，铃声大作的时候，小玉赶忙起床，洗漱完毕后，她5点半准时从家里出来。这样，基本上她每天都是第一个到公司。

小玉在公司里是销售助理，最重要的工作是做标书，把各种产品的技术参数、报价、资质等都写上，经常是几十甚至是上百页。一套标书，一个人往往需要做3个工作日。

一天，销售经理临时知道了两个单位购买竞标，一个在南宁，一个在长春，还是通过种种关系打听到的。得到这个消息后，离竞标的日子还有两天，要做两套标书，可销售人员都出去跑业务了，另一个销售助理因为家中有事回老家了。销售经理在返回的火车上打电话，一再问："小玉，你觉得两套标书两天有困难吗？""困难肯定有，不过，我保证能准时交给你！"

小玉当晚没有回家，就在单位里加班，直到早晨的时候，她趴在桌子上眯了一会儿，然后继续做。熬了两夜，终于把两套标书做完，按照销售经理的需要时间，整整提前了大半天。早晨来上班的销售经理看着这标书，特别兴奋，脱口而出给她起了个外号："标王"。

就这样，小玉不到一年就升职为销售主管，得到了加薪的机会，工作也更加稳定了。

8点半上班，在很多人看来是多么简单的一件事情，但对小玉来说却是一个挑战。尽管她每天起早贪黑却从来没有得到过一句表扬、一句赞美，更不要提加薪了。但是她却始终坚持了下来，在自己的职场道路上不断地付出着，最终她得到了经理的赏识，使自己在职场之路上登上了一个新的台阶。

在职场拼搏的道路上，追求事业的成功是我们每个人的愿望。在这个过程当中我们必须不断地付出，不断地努力，才能在最后得到自己想要的东西。有句名言是这样说的："付出不一定有回报，但是你不断地付出就一定会有回报。"通往成功的道路上并不是一帆风顺的，尽管你渴望展示自己，却经常找不到属于自己的舞台，尽管你辛勤地劳动，有的时候不能在当时得到应有的收获。但是请相信"是金子总要发光的"，当你用汗水不断地经营着自己的未来，当你用一次次的失败磨砺着自己坚强的意志，你就一定能够迎来属于自己的阳光，属于自己的成功未来。

你无法一下子获得成功，只能一步一步地走向成功。富丽堂皇、美轮美奂的建筑物都是由一块块独立的石块建造而成的，尽管可能石块本身并不美观。优秀者头上的光环总是炫目的，但为了获得这样的成功，他也曾经付出过艰苦的努力。

工作要敬业，守住自己的那份责任

有的员工说："我做的是再普通不过的工作，就算我做得再好也看不到出路。况且，要做到优秀谈何容易？"是的，虽然大多数人的工作都是平凡的，但如果能做到优秀就可以为自己创造更多的机会。其实，大多数的优秀只是平凡工作岗位上的优秀。只要你能尽足本分，优秀的光环终将会降临到你的头上。

责任是一种使命，是一种做人的态度。在一个家庭里，作为父母，我们要尽到做父母的责任；作为儿女，我们同样要尽到做儿女的责任。这是不可推卸的，是每个公民应尽的责任，也是社会发展不可或缺的动力，如果没有了这种责任感，不敢想象社会会变成什么样子。

　　同样，在我们的职场生涯中，一个没有责任心的员工，是无法做好自己分内工作的。而一个没有责任心的领导，也会将单位领入歧途，甚至在竞争中失去生存的机会，将企业带入崩溃的边缘！

　　英吉利海峡矗立着阿尔威船长的雕像。1870年3月17日的那次航海，由于机械故障，导致船舱大量进水。就在人们惊恐万状的时候，阿尔威船长果断而沉着的指挥使所有乘客和船员井然有序地转移到救生艇上，而他——阿尔威船长却与客轮一起沉入了海底，他竟然忘了把自己列入待救的名单，这是何等的壮举啊！在灾难来临时，他不顾个人安危，把责任发挥得淋漓尽致。正是这种责任感，这种敢于承担责任的行为，使他成为被人尊重的领导而名垂千古！

　　不论你在职场中担当着什么样的职位，只要有责任心，就一定能把工作做好。俗语有云："天下无难事，只怕有心人。"说的就是这个道理。那么这时候一定有人会问："怎样才算是有责任心呢？"其实答案很简单，那就是在自己的岗位上要竭尽全力，务求做最好的自己。这话说出来容易，做起来就没有那么简单了，从某种角度而言，责任心是一份承诺、一种约束，更是一股动力。

　　三年前，高考落榜的小璐从老家山西的一个小镇来北京打工。就在她身上现金所剩无几，已打好行囊正出门赶车去火车站准备返家时，房东阿姨说有一家经营汽车销售的公司通知她去上班。

　　这份工作真的得之不易，小璐也对它十分珍惜，尽管做的只不过是前台接待，同时还兼做公司的很多杂务这样平凡的工作，工资也不是很高，但小璐却非常的尽职尽责，对没整理好的材料，经常一个人自愿留下来加班，直到处理完毕。

有一天，小璐刚刚加班做完工作准备锁门时，却接到一个传真，那是一份来自英国的传真。

只有高中学历的她，只认得其中不多的单词，至于内容，她全然不懂。她打电话给上司，可上司关机。

她本打算第二天上班再交给上司处理，可机警的她正欲出门时忽然意识到英国和中国的时差问题，说不定对方还等着回传呢。于是她坐下来，拿起英汉辞典及汽车专用英汉辞典翻译起来。搞懂意思后，她又用蹩脚的英语回了传真，回家后，她一夜没睡好觉，这么大的事没经上司批准就独自作主回了传真，真不知上司会怎么处置她。

谁知，第二天上班上司欣喜若狂，是小璐及时给英方回了传真，才使得他们在其他几个同样接到英方传真的中方公司之前抢了先机，为公司争得了开张以来的首单大宗生意。

小璐"多负"的一份责任，给公司带来了一笔可观的利润，而她本人也得到了一份不菲的奖金。从此，她一路走来，如今已是年薪70万元的营销总监。

在工作中多承担一些责任，多一些责任感，往往就能给自己带来更多的机遇。这不仅证明你是个出色的，很有能力的人才，而且你还会因此得到更多薪水以外的资源财富。责任越重，被肯定的价值和信任也就越高。如果你有能力承担两份责任，就别为自己只承担了一份而庆幸，因为那样"轻描淡写"，恰恰证明了你是一个不愿承担责任的人，你拒绝了另一份责任，同时也拒绝了超越自己提升自己的机会；因为你放弃了自我，也就既辜负了别人同时也辜负了自己，也就拉远了你与成功的距离。

所有的成功者，他们与我们都做着同样简单的小事，唯一的区别是，他们从不认为他们所做的事是简单的小事。只要是自己的工作，就要彻底地对它负责任。职场容不得半点不负责任的人。无论做什么工作都要沉下心来，脚踏实地地去做。一个人把时间花在什么地方，就会在哪里看到成绩，只要你的努力是持之以恒的。即使你的职业是平庸的，如果你处处抱着尽职尽责的态度去工作，也能获得个人极大的成功。如果你想做一个成功的值的上司信任的员工，你就必须尽量追求精确和完美。尽职尽责地对待自己的工作是成功者的必备品质。

因此，让我们对自己说："做一个尽职尽责的人！"不管有没有别人的监督，认真、负责、高质量地完成自己的工作吧！尽管有的时候你的位置很平凡，但只要它是有益的，就一定要做好它。如果你能够这样坚持下去，相信你一定会有脱离平凡、走向成功的那一天。

白骨精箴言

古人有句话叫"尽吾本分在素位中"，意思是说我们在面对平凡的工作时，要在心中存有一股认真做事的念头，在本分的工作中尽心尽力。你想成为古人所说的"圣贤"吗？这可是第一等的学问和功夫。其实，人要是有了"尽吾本分在素位中"的态度，那就能成为平凡工作岗位上的"圣贤"了。

工作的时候，记得管理好你的情绪

现在，职场中人越来越注重管理自己的情绪，很多人会问：该如何控制自己的情绪？如何不让负面情绪影响职业生涯？其实，当我们意识到自己应该控制情绪的时候，已经在很努力地对自己情绪进行控制了。当然，情绪管理并不是只有情绪控制那么简单……

目前一些公司推出了一项新型的政策：如果员工感觉自己情绪不佳，严重地影响到了自己工作的状态，可申请1～3天的"情绪假"，请假期间工资、奖金都不会受到影响。这种"情绪假"成为了这些公司推崇人性化管理的一种崭新的方式。

"不要把情绪带到工作中去"，这是一条永恒不变的职场规则。但是，这条职场规则却渐渐引起了大家的争议。毕竟人不是机器，情绪是人与生俱来的，它不可能因为人在自己的岗位上工作就不产生了，一旦产生，它也不可能因为被压抑就可以不存在了。

在职场生涯中我们有时真的要改变一下自己的性格，才能够做到得心应手，游刃有余。但作为一个职场中人，释放自己的情绪好像真的没有那么简单，比如我们今天被主管批评，或是遭到了同事的误解，或是受到了下级员工的顶撞，就会在心中产生抱怨、委屈、倦怠、愤怒等各种各样的负面情绪，如果这时候立刻在职场中表现出来，似乎不是那么妥当，甚至可能会影响到自己的前途发展，但如果一味压抑自己的负面情绪，使自己长期处于情绪包裹中，经过长期沉淀，总会有火山爆发的那一天，而这种爆发，无论对自身还是对周围的人都具有很强的破坏性。

婷婷是个聪慧的气质型女子，然而聪明的女子在感情的问题上有时也会犯很"低级"的错误。婷婷也不知道怎么就爱上了上司，这并不是她的本意，尽管她发现上司有这种倾向时，也多了几分戒备和警惕，但就是不知道为什么就按照他的思路去做了。当她发现自己真的爱上上司时，便不断地提醒自己保持头脑清醒，像以前一样工作，包括与他相处。但婷婷没想到女人一旦爱上谁，智商会如此低下，连自己都吓一跳。过去，婷婷处理问题理智冷静，很难让人找出破绽。但自从与上司有了暧昧感觉后，她碰到不如意的事情很难再用理智和智慧处理问题，总是用比较直接的方式或凭心情办事。不高兴时，对上司也是横眉冷对。那次，公司里有个出国的机会，婷婷觉得这个名额上司一定会想到她的，结果却出乎意料，这个名额给了公关部的欢子。婷婷一得到消息，当时就火冒三丈，也没让自己冷静下来就去问上司。上司听明来意，也不耐烦了："出国名额不是哪个人决定的，而是公司研究决定的，希望你在工作中不要这样情绪化。"上司一板脸，婷婷顿觉自己受了委屈，更加气恼了。就这样，上司开始对婷婷越来越疏远，这时她才如梦初醒，原来自己的坏情绪给自己惹了这么大的麻烦。

情绪是我们人体自带的一种能量。压抑情绪，就会使这种能量得到抑制，因此很多情绪受到压抑的人工作效率往往是很低的。而且当情绪压抑不住的时候，就会在别的途径爆发出来，比如你的内心长时间压抑着一股愤怒无从发泄，就很有可能通过在工作中出错，或者与同事或客户甚至上司发生冲突表现出来。

婷婷本来可以成为一名优秀的员工，却因为管理不好自己的情绪而失去了这个机会，这真是一件很遗憾的事情。在职场生涯中很多人都会犯同样的错误。他们往往因为上司的宠爱而忘乎所以，直到有一天酿成了大错，他们才会忽然从混沌中惊醒，然而一切已经晚了。

通过对一些职场上班族作调查，50%以上的人都承认，他们在办公室中曾经有过愤怒的情绪，但又不知如何把握！而谈到把这种愤怒的情绪压抑在心里的感受，他们形容说："那是非常不容易的，很难受，日久会得病！"那么究竟我们应该如何管理和调节好自己的情绪，使我们不至于在工作中犯下不可弥补的错误呢？下面就介绍几种比较实用的情绪控制法，希望能够帮助大家有效地管理好自己的情绪。

转移法

在生气的时候，可以听自己喜欢听的歌，看自己喜欢看的书，来分散自己的心理情绪。但一定是不能带有悲观情绪的，以免给自己的情绪再划上一道伤痕。最好是乐观向上，积极而富有动力的。

自我安慰

在情绪得不到很好地控制的时候，我们得学会自我安慰。不断对自己说"这不算什么"、"没有什么大不了的"、"平静，一定要平静"、"我很平静"等，用心理暗示法平静自己。

宣泄法

找个可以信赖的人倾诉，或者是找个空阔而无人的地方大哭一场。当然还可以像寓言中的狐狸一样，不能吃到葡萄就说葡萄是酸的。甚至可以大骂一顿，这种既可以发泄自己又不伤害别人的"酸葡萄心理"是很实用的。

提高修养

一个人的胸襟来自于自身的修养，而修养又来自于知识。只有提高自己的修养，对事物的看法也就不再那么的狭隘，思想的伸展也就有了广阔的空间。不但对挫折不加计较，甚至还会越挫越勇，爱上了这令人身心俱痛的挫折。

"情绪管理"是以最恰当的方式来表达自己的情绪，正如亚里士多德所说的那样："任何人都会生气，这没什么难的，但要能适时适所，以适当方式对适当的对象恰如其分地生气，可就难上加难。"管理好自己的情绪是一门高深的学问，每个人都有着自己不同的调节方法，但不管怎样，我们都要善待和管理好自己的情绪，不至于让不良情绪影响我们的职场人生，因为，有时情绪也可以决定你的命运，当然，也包括你的事业。

严于自律，助你走向成功，成就卓越

伟大的诗人歌德曾经告诫人们："不论做任何事情，自律都至关重要。"自我节制，自我约束，是一种控制能力，尤其控制人们的性格和欲望，一旦失控，变得随心所欲，结局必将一败涂地，不可收拾。

你一定有过这样的经验，当你站在沙堆里，无论怎么使劲跳，总是不如在结实的路面上跳得高、跳得远。其实，做工作也是如此。如果你总是好高骛远，不能踏踏实实地做好平凡的工作，也就等于没有坚实的基础，那又怎么能取得进步呢？所以，不管做什么事、担任什么职位，都要脚踏实地、全力以赴，这样你才会越发能干，同时心智也会成长起来，等于为你追求更大的成功奠定了坚实的基础。

有人会说："我这份工作不值得一做。像我这么聪明能干的人不应该做这么卑微的工作。"既然他轻视现有的职位，并且毫不掩饰自己的不满、不安、不快的情绪，不肯脚踏实地地工作，那么最终，他必将会失去这份工作。到时候，自然会有人来替代他。所以，实际上，真正受害的是他自己，是他自己亲手毁掉了自己的前程。

去年一毕业，王菲菲就顺利地进入了一家外企在北京设立的办事处，工作并不太忙，公司还派送她去学习报关和相关物流培训班

充电，不菲的薪水，较大的发展空间，令很多同学羡慕不已。

王菲菲所在的公司不大，人尽其才，这使她渐渐成长为一个合格的销售助理，辅助销售人员一些货运、文档方面的工作，可以独当一面。总经理有过英国留学背景，很有"绅士风度"，在公司，总倡导大家要和谐团结，保持团队的向心力和稳定性，因此再很少对外招聘，这让王菲菲渐渐骄傲起来，对销售人员，乃至部门经理安排的事情，要么就是有选择性地做，要么就忘在脑后，态度甚至有点傲慢。好在王菲菲是公司唯一的女性，外表也时尚漂亮，有时跟同事产生矛盾，只要不关原则，总经理以"男士要有绅士风度，不要跟女孩子计较"为由，让男同事礼让她几分。

半年前，王菲菲和四个同事一起去参加南京的展会，开展当天，由她负责的好几个文档都遗留在家，忘记拿，虽说事后有在南京的同事邮件补救，但也对工作小有耽搁，几个同事不满地说了她几句，可没想到回北京后，王菲菲竟赌气递上辞呈，总经理为稳定团队，挽留了她，使她因此赢得"胜利"，从此得意扬扬。

然而令大家都没想到的是，递辞呈成了王菲菲的"撒手锏"，只要有了不如意就赌气辞职，上个月初，总经理终于在辞职信上签名准许，看着事情"弄假成真"，王菲菲叫苦不迭。事情过去了近一个月，王菲菲依然难以找到自己满意的工作。每当和朋友谈及此事，她总会后悔地说："失去工作，我才体会到以前自己的行为多么无知。现在我终于明白，感恩和自律，对于职场的年轻人来说，有多么重要……"

本来好好的一份工作却因为对自己太过于放任而失去了，这对于王菲菲来说是一个刻骨铭心的教训，而对于更多的人来说也是一个值得警醒的问题。它无时无刻不在提醒着我们严于律己的重要性。只有严格要求自己，永远保持自律的作风，我们才能在职场中稳步迈向成功，而不至于在走到一半的时候误入歧途。

所谓自律，就是针对自身的情况，以一定的标准和行为规范指导自己的言行，严格要求自己和约束自己。"金无足赤，人无完人"，世界上没有十全十美的人，每个人都会有缺点错误。一个自律的人应该经常检查自己，对自己的言行进行自省，纠正错误，改正缺点，这是严于律己的表现，是不断进取的重要方法和途径。有错误和缺点不怕，可怕的是无视它，不去改正它。一个自律的人，应该是一个懂得自爱，勇于自省，善于自控的人。自律，它能使人明于自知，使人养成良好的行为习惯，使人学会战胜自我，使人身心健康，使人高尚起来，建立良好的人际关系，同时它是一个修养的起点和基本要求，也是一个人行动自由所必需的条件。

所以，要想做一名有益于社会的人，就要针对自己的实际，选择相关的名言、警句、格言，作为自己的座右铭，用以勉励自己、提醒自己、警戒自己。人世间，最顽强的"敌人"是自己；最难战胜的也是自己。只要我们时常将自律带在身边，时时刻刻地提醒自己，踏踏实实地工作，勤勤恳恳地耕耘，就一定能够迎来自己的成功，成就自己卓越的伟大梦想。

白骨精箴言

每个行业中，都有人因为不懂得自律而失去工作。要想在属于自己的职位上坐得稳固，就必须学会自律，做到"上司在与不在一个样"。世界上最严格的标准，不应该是别人要求的，而应该是自己设定的。如果一个人只看自己的心情，和一时的方便而行事，肯定不会成功的，更不要说别人尊重并跟随他了。任何一个成功者，都是具有自律精神的人。他们无论在什么情况下，都能控制好自己，不让自己受到不良习惯或观念的干扰，始终坚定不移地向着自己人生的伟大目标迈进。

告诉自己，这个世界上没有"不可能"

职场上，很多人虽然才华横溢，具备很多可以获得上司赏识的能力，但却有一个很致命的弱点，那就是不主动接受"不可能完成"的工作。当一件看似"不可能完成"的工作摆在他们眼前时，他们往往会抱着一种唯恐避之不及的态度。结果可想而知，那就是终其一生，也只能平庸。只有那些勇于向"不可能完成"的工作挑战的员工，才是职场中的勇士，他们始终是最受上司们欢迎的人。成功者的字典里，没有"不可能"三个字，在他们眼里，越是不可能做成功的事，越可能成功。

福特汽车公司的创始人亨利·福特决定生产 V—8 型引擎。这是一个创造性的想法，在当时，连底特律最杰出的工程师都认为这件事是做不成的，"要将 8 只汽缸铸成一个整体，这怎么可能呢?"但亨利·福特下决心无论如何也要生产这种引擎。他对那群一筹莫展的工程师们说："只要去做，没有什么是不可能的。"

一年很快就过去了，工程师们几乎试了所有办法，就是无法攻破技术难关。他们找到福特再一次强调"这是根本不可能实现的"。但福特并没有灰心，他命令工程师们继续去做。

终于，奇迹发生了，工程师们找到了诀窍，最终设计出了V—8型引擎。

很多事实证明，"不可能"的事通常是暂时的，只是人们一时还没有找到解决它们的方法。所以，当你遇到难题或困难时，永远不要让"不可能"束缚自己的手脚，有时只要再向前迈进一步，再坚持一下，也许"不可能"就会变成"可能"。而成功者之所以能成功，就是因为他们对"不可能"多了一分不肯低头的韧劲和执著。

一个人能否成功，完全取决于他的态度。成功者与失败者之间的差别是：成功者始终用最积极的思考、最乐观的精神和最有效的经验支配和控制自己的人生。失败者则刚好相反，因为缺乏积极思维，他们的人生是受过去的失败和疑虑所引导和支配的。他们徘徊在失败的阴影里，只能眼看着别人成功。

年轻的时候，拿破仑·希尔抱着一个当作家的雄心。要达到这个目标，他知道自己必须精于遣词造句，字词将是他的工具。但由于他小时候家里很穷，所接受的教育并不完整，因此，"善意的朋友"就告诉他，说他的雄心是"不可能"实现的。

年轻的希尔存钱买了一本最好的、最完全的、最漂亮的字典，他所需要的字都在这本字典里面，而他的意念是完全了解和掌握这些字。但是他做了一件奇特的事，他找到"不可能"（im - possible）

这个词，用小剪刀把它剪下来，然后丢掉，于是他有了一本没有"不可能"的字典。以后他把他整个的事业建立在这个前提上，那就是对一个要成长，而且要成长得超过别人的人来说，没有任何事情是不可能的。

我们不建议你从你的字典里把"不可能"这个词剪掉，而是建议你要从你的心中把这个观念铲除掉。谈话中不提它，想法中排除它，态度中去掉它、抛弃它，不再为它提供理由，不再为它寻找借口，把这个字和这个观念永远地抛弃，而用光辉灿烂的"可能"来替代它。

一个人生活在世上，要面对的东西有很多，烦恼、朋友、敌人……在对外界事物应对自如的时候，我们往往忽略了一个最重要的对手，那就是自己。于是有了这样一个难题：有人能轻易打败敌人，却不能战胜自己。有的时候我们明明可以成功，但心里总是有一个恶魔在对你说着"不可能"三个字。如果我们都能像拿破仑·希尔那样，将"不可能"三个字彻底地从心中删除，那么这个世界上没有任何一件事情是不可能的。

现在让我们回过头再来看看自己的职场吧，那些业绩平庸的人之所以平庸，就是对"不可能"三个字太熟悉了，在他们的眼中，总是有这样的不可能，那样的不可能，其结果可能的事情也被他们搞得不可能了，当然也就更谈不上"成功"二字了。

其实很多时候，很多事情并不是因为难以做到，而是我们对自己没有信心，如果我们抱着必胜的态度去面对它，那么没有什么事是我们不能做到的。如果一个人总是以"不可能"三个字来禁锢自己的思想，那么他注定一事无成，永远不会受到成功的青睐。所以，将"不可能"从你的词典中删去吧，即使我们真的碰到了这样那样的"不可能"，我们也应该这样鼓励自己："不是不可能，只是暂时还没有找到解决问题的方法。"

成功者的一生，必定是与风险和艰难拼搏的一生。许多事情看似不可能，其实只不过是功夫没有下到家而已。它就像传递在很多人手中的罐头瓶子，只要你在别人都放弃的时候再试一下，说不定就能看到奇迹的发生。

当我们遇到逆境的时候，很多人只会一味地害怕退缩，甚至轻易地选择"放弃"。但拥有成功特质的人，总是能够坚持到最后，知道把事情做成功为止。每个人都有自己的梦想，其成真与否，完全操之在己。虽然实现梦想的这条路崎岖艰难，但是只要有希望，就永远不要放弃！因为永不放弃的人总会成功。在他们看来，成功就像明天早上的太阳一定要出来一样肯定执著！在职场上打拼，一定要具备坚持下去的勇气，只要你真的坚持下去，锲而不舍地去做，那你离成功也就不远了。

一个人的一生中难免遇到各种各样的问题。当你遇到问题时，运用积极的心态去思考非常关键。如果你渴望成功，就必须调整心态，要积极但不忘谨慎。能不能巧胜对手，脱颖而出；能不能战胜自己，驱除心魔，都直接取决于我们能不能把否定思维转化为肯定思维。所以，不管今后遇到什么样的困难，让我们拿出自己的勇气，勇敢地对自己说一声："这个世界上没有不可能。"

坚定目标，你的未来才会更加清晰

很多成功人士都有过这样的切身感受：明确的目标能给自己带来激情的火花，它如同成功的助推器，能推动自己向目标靠近。一个人如果没有明确的目标，他就会失去崇高的使命感，同时也就丧失了进取的活力，这也就成为了他们之所以失败的主要原因。

明确的目标能够激发人们的斗志，开发他们的潜能；没有目标，梦想也会因此而无处依归。这就好比一位跳高运动员，倘若不在他的面前放一根横杆，而让他漫无目的地自由跳高，他就永远也无法跳出好的成绩，只有当他真正面对眼前的那个横杆的时候，明确的目标才能促使他不断超越自我，横杆不断升高，成绩也就跟着突飞猛进。

在职场中，如果不能明确自己的目标，就无异于盲人骑瞎马，其前景绝对是不容乐观的。一旦有了自己的人生目标，我们还必须明确它。因为，模糊不清的目标不但不能使自己到达成功的彼岸，反而会使我们陷入这样那样的迷惑之中，使我们觉得成功遥不可及，头脑中那远大的理想最终只能成为无法实现的一纸空文。

美国哈佛大学曾就这一问题对一群智力、学历、环境条件都相差无几的毕业生进行过一次关于人生目标的调查。调查表明：27%的人没有目标；60%的人目标模糊；10%的人有清晰但比较短期的目标；3%的人有清晰而长远的目标。

25年后，哈佛大学对上述对象再一次进行调查，结果令人吃惊：3%的人25年间朝着一个方向不懈努力，几乎都成为社会各界的成功人士，其中不乏行业领袖、社会精英；10%的人的短期目标不断地实现，成为各个领域中的专业人士，大都生活在社会的中上层；60%的人安稳地生活与工作，但都没有什么特别成绩，几乎都生活在社会的中下层；剩下27%的人生活没有目标，过得很不如意，并且常常在抱怨他人、抱怨社会、抱怨这个"不肯给他们机会"的世界。

这是一个令人深思的结论。其实，他们之间的差别仅仅在于：25年前，他们中的一些人知道要干什么，而另一些人则不清楚或不很清楚自己的人生方向。所以说，一个人若想走上成功之路，首先必须确立目标，并为之奋斗不懈，这是我们每个人都应该明白的道理。

每个人都有"成功"的梦想，但梦想与现实是不能画等号的，只有坚定地努力才能让梦想成真。虽然这是一个比较极端的例子，但道理是朴实的。想中一次彩票却又三天打鱼，两天晒网，连坚持买彩票的行动都无法落实，怎能有机会成功？况且要想成功，之前的准备工作往往没有买彩票那么简单。

许多人之所以失败，并不是他们没有能力、没有诚心、没有希望，而是因为他们没有坚定的决心，这种人做起事来往往有头无尾，犹豫摇摆。他们怀疑自己是否能够成功，永远决定不了自己究竟要做哪一件事，有时他们看好了一种工作，以为绝对有成功的把握，但中途又觉得还是另一件事比较妥当顺利。他们有时对目前的地位心满意足，但不久又产生种种不满的情绪。这种人到头来总是以失败告终，对他们所做的事不仅别人不敢担保，而且连他们自己也毫无把握。

想成功吗？先给自己找一个目标吧。你必需要很清楚自己在做什么，能做什么，未来要上升到一个什么样的高度。这是对自己的一个最精准的定位，只有明确了自己的职场定位，才能在职业生涯发展的过程中少走弯路。当今社会人才竞争激烈，机会转瞬即逝。定位之后，才能根据自己的目标，抓住发展中的每一个机会，接受市场选择，不断提高自己的竞争力，从而在职场发展中如鱼得水，越游越顺。

如果你的目标是获得一份更好的工作，那你就必须把这一工作具体描述出来，并自我限定准备哪一天得到这份工作。你绝不能对自己说："我希望有一个更好的工作——或许市场营销助理吧！"你必须用肯定的语气说："我希望有一个更好的工作，不错，我想当市场营销助理。我要做哪方面的市场推广工作，我得先去请教请教捷克，他是一家大公司的市场部经理。然后我要向招聘市场营销助理的七家公司写自荐信，过一个星期，我再给每家收信公司打个电话，请他们给我安排一次面谈……"

美国著名小说家杰克·伦敦说："没有目标的人改变人生的方式就是占领目标，像士兵扑向碉堡一样勇猛！"有目标远远要比空想好得多，因为它是可以实现的。有了工作目标，我们就有了前进的方向，才能够逐步调整自己，最终达到事业的巅峰。所以让我们为了自己的目标勇往直前吧，只要你愿意为它坚定地走下去，你的未来就会变得越来越清晰，你的理想也就不会像梦一般遥不可及了。

刚迈入职场的时候，有许多年轻人踌躇满志，也很勤奋努力，但稍遇挫折他们就会轻易地选择放弃。爱迪生曾经说过这样一句话："全世界的失败，有75%只要继续下去，原本都可成功；成功最大的阻碍，就是放弃。"所以，不论做什么工作，选定一个目标之后，万万不可受到一点挫折就选择退缩，甚至干脆放弃。我们必须愈挫愈勇，做一个咬住目标不放的人，只有这样才会取得最后的成功。

别说你是在为上司而工作

人生来就是为了工作，工作占据了我们生命中的大部分时间。工作是人生运转自如的转轴，影响着人的一生。假如我们在工作岗位上得不到尊严与快乐，那么我们的人生只能是黯淡无光，毫无生机。假如工作没有尊严与意义，我们的人生又怎能幸福快乐呢？好了，仔细想想吧，别说你是为了上司而工作，让自己成为工作的第一受益人，你的人生才能有大跨越的前进，你的生活才能因这种微妙的变化而变得与众不同，多姿多彩。

如果我们问员工这样一个问题：你在为谁工作？答案大概有两种，一种是为企业、为上司工作，另一种是为自己工作。令人惊讶

23

的是，当被问到第二个问题"你为什么不能成为一名优秀的员工"时，一些人的回答竟如此相似："我干得再好，还不是为上司干的?"或者："拿多少钱干多少活，我只要对得起这份工资就行了。"

抱有"为上司工作"想法的人，把自己看成了工作的被动接受者，有人甚至把自己视为被剥削者。所以，在工作过程中，这些人从来没有发挥过主动性，只是在一天天地对工作的敷衍中离"优秀"越来越远。

工作是为自己而做，不是为上司而做，只有认清这一点的员工，才能在工作中发挥出色的潜能。优秀员工追求的并非名利，他们热衷于自己所从事的事业，对工作充满热情。他们积极进取，认真负责，创造了一个又一个辉煌的业绩。他们为国家的富强、企业的发展努力地工作，进而也在为上司、为自己的自我价值的实现而工作。

在一家房地产公司，刘媛媛获得了一份电脑打字员的工作。打字室与上司的办公室之间只隔着一块大玻璃，上司的举止她只要愿意就可以看得一清二楚。但她从来不往那边多看一眼，每天只是埋头工作。她每天都有打不完的材料。工作认真刻苦是她唯一可以和别人一争短长的资本了。在工作中，她处处为公司打算。打印纸从来都不舍得浪费一张。如果不是要紧的文件，一张打印纸都是两面用。后来，一次吃饭的时候，上司告诉刘媛媛，他特别欣赏她这种节俭的作风。

后来，受大气候影响，纽约的房地产市场出现了大滑坡，在全纽约都很难找到一家生意景气、红火的房地产公司。上司在一项工程上投入的 2000 万美元被全部牢牢套死，资金运作困难重重。

员工的工资开始告急，许多职员纷纷跳槽。到第二年 5 月底，公司总经理办公室的人员就只剩下刘媛媛一个了。人少了，她的工作量也陡然加大，除了打字，还要管接听电话、为上司整理文件等杂乱活儿。刘媛媛却无一丝怨言，而且她留心收集一些对上司有利的信息。

有一天，刘媛媛直截了当地问上司："您认为您的公司已经垮了吗？"

上司很惊讶，说："没有！""既然没有，您就不应该这样消沉。现在的情况确实不好，可许多公司都面临着同样的问题，并非只是我们一家。而且，虽然你的 2000 万美元成了一笔死钱，可公司并没有全死呀！在芝加哥，我们不是还有一个公寓项目吗？只要好好做，这个项目就可以成为公司重振旗鼓的开始。"

她说完，拿出关于芝加哥项目的策划方案。上司埋头看了好一会儿，然后，抬起头，满脸都是惊讶："对不起，我真是没有想到。以前，我太有眼无珠了！"

几天之后，刘媛媛被派往芝加哥。在芝加哥，她整整干了 2 个月。结果，那片位置并不算好的公寓全部先期售出。她带着 3800 万美元的现金支票，飞回纽约。

公司终于有了起色。她成就了公司，同时也推出全新的自己。

自己的人生自己策划，自己的命运自己把握。只要自己认为有意义的工作，就不必介意别人的说法。命运就在自己手中，握紧命运，做个自动自发、勤奋出色的人，绝不要因挫折而崩溃。不要对自己说："既然上司给的少，我就少干，没必要费心地去完成每一个任务。"或者安慰自己："算了，我技不如人，能拿到这些薪水也该知足了。"你应该牢记,金钱只不过是人生价值的一种表现形式,你所追求的应该是自我的提高。所以你必须保持积极的工作态度,因为消极的思想会让你看不到自己的潜力,失去前进的动力和信心,丧失很多宝贵的机会,使你与成功失之交臂,更无法达到自我实现的最高境界。

不要自我怀疑了,其实,你一直拥有成为优秀员工的潜能,一直拥有被委以重任的时机。但是,为什么一定要等到无路可走的时候,当人生的"晴天霹雳"突然将你击倒之后,才懂得努力工作、勤奋拼搏呢?人生是自己的,工作也是自己的,别说你只是在为了老板工作。人生要想快乐,你首先就需要享受工作带给你的每一份快乐和期待,享受每一次完成它所给你带来的那份成就感。成功的人之所以能从平凡的工作中脱颖而出,一方面由个人的才能,另一方面则取决于他们的进取心。好好努力吧!告诉自己,你在为自己而工作,你在为自己而拼搏,这个世界只会为那些努力为自己工作的人大开绿灯。

一个人成功与否在于他是否做什么都力求最好,成功者无论从事什么工作,他都绝对不会轻率疏忽。因此,在工作中就应该以最高的规格要求自己。能做到最好,就必须做到最好。因为你并没有为别人而打工,相反你是为了成就自己的事业,当你的工作得到了高品质的完成,当你又克服了一个又一个的难题,你自身的价值也就随之不断提高着,你离自己的梦想也就这样一点一点地靠近了。

空杯心态，让你的职场人生更加豁达

一个已经成功的人，一个已经辉煌的企业如果不敢和不能"空杯归零"，都极有可能陷入失败的境地。如果将自己放小，那么世界就会变大。当心中装满了自己，就不会有别人的地方，世界当然就会很小。而将自己放小，所有的人和事都能容下，世界自然就会变大。要做到这一点，就需要"倒空"自我，只有这样，才能实现更好的自我。

最近，在职场上流行一个词儿叫"空杯心态"，它的渊源很有禅机：一个小有成就，但颇有些心高气傲的年轻人去大师那里求道。大师要他往一个杯子里倒水，并且不要停，结果杯子满了，水溢出，洒了一地。年轻人不解其意，大师说："既然你知道杯子是满的，水怎么还能倒进去呢？"需要解释的话很简单，如果你的心里盛满了自以为是的道理，又怎么吸收新的东西和学问呢？

身在职场，你一定不止一次地意识到：自己最大的竞争对手，并非那些"钩心斗角"的同僚，而是自己！总会在某个阶段，突然意识到自己的上进心已经被重重复复的琐事所羁绊，对一直热爱的工作产生了松懈，而过往的成功经验转眼间已经成为绊脚石……于是，我们不难理解，为何"茶满了"这个具有禅意的故事会让不少企业老总们感触颇深，奉为案头圭臬，并视其所阐释的"空杯心态"为个人修心、员工教育与企业发展的指引导向。

已经成为职场关键词的"空杯心态"，其实是一种心态意识，并不是让我们彻底否定过去，而是以放空过去的态度去开拓新的领域，用积极的心态来对待新的挑战！骄傲自满的人谁会喜欢呢，就算不管别人的目光和议论，太自大而忽略了普通工作中的普通小事，也可能给自己带来羁绊。

计算机硕士学位毕业的杨锦曾是学校里的尖子生，初入职场时也是自信满满，公司派给的编程任务，自觉不费吹灰之力，而看着一起工作的同事对于一个小程序仔细研究，心里暗想是画蛇添足。几个月实习期下来，他完成任务的速度远远超过他的"前辈"们。可是出乎意料的结果是，杨锦却被婉拒了。年轻气盛的杨锦很不甘心，当即反问上司："你为什么宁愿录用那些学历不如我的员工？也不愿意要我这样一个学校里的高才生。"上司笑笑，告诉杨锦："你的优秀是大家有目同睹的，但正是因为你太过优秀，不容易沉下心去研究那些看似简单的程序，而公司的发展并不是腾空而起的，正是要依靠那些简单程序的不断改进和发展。如果你的优秀无法应用到公司的发展上来，那么对于公司又有何用呢？"

听了上司的一番话，杨锦一下子脸就通红起来，他开始意识到自己的骄傲和自大，从那以后他将"空杯"的思想写在自己的床头，每天都会仔细看一遍，对自己百般叮咛，慢慢地他的言行越来越谦虚谨慎了。经过一段时间的求职，杨锦又找到了一份满意的工作，与以前不同的是，他的工作态度严谨了很多，也愿意静下心来研究那些看似简单的程序，并从中吸收了很多的经验和知识。就这样，经过了一年的努力，他终于走上了主管的位置，每当别人问起他的经验和感受时，他总是会提到自己当初的那段求职经历："当初的我，太过轻狂了，正是那位领导的一席话为我敲醒了警钟，无论是做人还是工作都应该拿出那种空杯的心态，只有这样才能不断进步，不断地完善自我……"

在职场中，我们常常会面临角色的转换和环境的改变，有时是从学校到单位，有时是从一个单位到另一个单位、从一份工作到另一份工作。这时候，最容易犯的错误就是将过去的成功和经验用于新的角色和环境中，结果处处碰壁，造成了很大的瓶颈和障碍。要想迅速在新角色、新环境中获得成功，就必须放下过去，主动"空杯"，抱着从零开始、重新学习的心态，培养自己对新角色、新环境的"适应力"。

对于每个在职场中拼搏的人来说，"空杯心态"具有不少潜在价值。有人说，它的价值在于它让人找到职业发展的金钥匙，也有人认为，这种心态可以让我们正确认识自己，并与阻碍自己发展的因素告别。但更重要的是"空杯心态"还可以让我们"重新认识自己"。

遭遇逆境的时候，我们需要重新认识自己，在逆境中重生。懂得去熟悉、学习那些我们陌生甚至曾经抗拒的东西，这是很关键的。我们的工作不可能一直处于上升的状态，因此，学会"以退为进"，从"茶满了"到"空杯"，就是这样一个进退的过程，后退一步，似是离终点更远，但其实是由此获得了另一种走得更快的方式。以为自己喝过的某种茶就是最好喝的，所以不舍得浪费杯中半滴，孰料到，摆在眼前将饮未饮的茶会更好喝，不把杯中的喝掉或倒去，就无法享用更好的。

所以，在面对新环境、新角色的时候，更需要主动"空杯"，

第一章　做自己的舞者
——职场的自我修炼

29

空掉过去的"光环",适应现在的角色和环境,将过去的能力转化为现在的能力,将过去的经验先放在一边,甚至有必要的话,完全"倒掉"过去的经验,只有这样我们才能真正地获得更深层次的进步,拥有一个更美好的人生。

林语堂先生有过这样精辟的高论:"人生在世——幼时认为什么都不懂,大学时以为什么都懂,毕业后才知道什么都不懂,中年又以为什么都懂,到晚年才觉悟一切都不懂。"此乃"空杯心态"的最完美体现。"空杯心态"不但是一种职业精神,更是一种人生境界,一种修身哲学。他让我们的人生道路更加豁达,让我们意识到自己的不足,让我们明白舍弃该舍弃的才会得到更多。

第二章

舞出自己的"敬"字步
——当你面对上司的时候我修炼

上司不是圣人,即使再有胸怀,也不会容忍下属明里暗里把他当作射箭的靶子和发泄的目标。人与人之间都有个气场存在。经营好下属和上司之间的气场尤其重要。与上司为善,便是与己为善。

人在职场,都要与上司相处。很多人都认为上司难接近,难以像朋友那样和谐相处。其实,与上司相处同我们平日里"处朋友"、"处对象"一样,"处对象"自然有"恋爱心经","处朋友"也有"交友规则"。如何与上司相处,自然也有着不少的学问,需要我们在实践中不断地体味。

维护好上司的威信，给上司留足面子

上司尤其爱面子，很在乎下属的态度，以此作为考验下属对自己尊重不尊重、好不好的一个重要指标。作为一名职员，要用自己敏锐的感性思维去观察分析，照顾好上司的面子，切不可"太岁头上动土"使自己陷入尴尬境地。

中国人是最爱面子的，就中国的传统而言，在公共场合，一定不能驳人面子，否则就是故意发出挑战。所以在公共场合，我们一定要注意给别人面子，对一般人是这样，对领导更要这样做。

在领导的眼里，如果自己的下属在公开场合使自己下不了台、丢了面子，那么这个下属肯定是对自己抱有敌意或成见，甚至有可能是有组织、有预谋的公开发难。正如一位心理学家所说的那样："人们都喜欢喜欢他的人，人们都不喜欢不喜欢他的人。"

人人都要面子，上司的面子更比员工的值钱，因为他时刻代表着一个单位或一个部门。尊重上司已经是公司里一种不用写在制度中的规则。因此，在与上司相处时，以下几点务必注意：当上司突然来到你的办公桌前与你谈话时，你必须立即站起来回答问话，以表示对上司恭敬；对他所询问的事情，要快速而准确地给予回答；对需要出示文件加以说明问题时，应把文件拿到上司面前查阅，要与上司站在同一方，不要背对或面对上司。这是一个员工必须养成和遵守的习惯。

领导十分注意自己在公开场合，特别是在其他领导或者众多下属在场的时候的形象，这决不仅仅是因为有个文化的潜意识在作祟，更是在于领导从行使权力的角度出发，维护自己权威的需要。这种需要因受到公开的检验而变得更加强烈甚至是不可或缺。

如果下级的意见使领导感到难堪，即使他是出于善意的愿望，即使他的确是"对事不对人"，但其结果却必然是一样的：使领导的威信受到损害，自尊受到伤害。

威信受到损害，便会使权力的行使效力受到损失。它影响到领导在今后决策、执行、监督等各个方面的决定权和影响力。因为人们不禁要问，他说的是否都对呢？是否会产生应有的效果？……这样，下级在执行中便多了几分疑虑，这必然会降低领导权力的有效性。因为服从越多，权力的效果就会越好。行使权力必须要以有效的服从为前提；没有服从，权力就会空有其名。

某公司召开年终总结大会，经理讲话时出了个错，他说道："今年我们公司利润持续上升，到现在已经创利 230 万元……"话音未落，一个下属马上站起来，冲着台上正讲得眉飞色舞的经理高声纠正道："经理，您讲错了！讲错了！230 万那是年中的数字，现在已达到了 430 万元……"结果全场哗然，把经理羞得面红耳赤，情绪顿时低落下来，他的面子顿时被这一句突如其来的纠错话丢得干干净净。

这个员工在上司那里的印象可想而知，因此，与上司相处千万要给上司留面子。尤其是在公开或正式场合，一些员工心目中的"上司意识"淡薄了，一遇正规场合就可能伤害上司的尊严。因此，我们在与上司相处时，一定不要冲撞了上司。因为，即便是英明、宽容、随和的上司也很希望自己的下属能维护自己的面子和尊严，而对刺激他的人，他一定会觉得很不舒服，甚至看着很不顺眼。

自尊受到伤害是最伤人感情的，因为它伤害了人最为敏感的地带。在公开场合丢面子，这说明领导正在失去对下属的有效控制。于是，人们不禁对他个人的能力乃至人格都产生了怀疑。因此，无论是谁，身处此境，最先的反应一定是满腔的怒火，而并非理智地对意见内容进行合理的分析。那么，此后的一系列举动肯定是很情绪化的。即使它能够很得体地将这件事很好地掩饰过去，情感上的愤怒却是依然存在的，它将成为一个阴影，把上司对你以往的美好印象全部浸没。所以，下属在公共场合给领导提意见时，一定要注意给领导留面子，只有这样，才能够和上司相处得更加和谐。

留面子表明你对上司是善意的，是出于对领导的关心和爱戴，是为了帮助领导更好地做好工作。只有这样，上司才愿意理智地分析你的看法。留面子还表明你对上司的尊重，你依旧服从于他的权威，你的意见并不代表对他的指责，相反，你是真心实意地在为他的工作着想。

留面子，其实就等于给自己留下充分的余地，作为下属，你可以利用这个余地同领导在私下里进行更为深入的交流和探讨。同时，这个余地还表明，下属只是行使了自己一定的建议权，而领导仍保有自己最终决断的权威。留有余地，还会使下属能够做到进退自如，一旦提出的意见并不确切或恰当，还有替自己找回面子的余地。

有句话说得好："伴君如伴虎。"在职场生涯中，我们必须遵从上司的领导，所以把握好自己和上司之间的关系和距离，就成为了一件重要的事情。我们可以向他表示自己的忠诚，可以向他提出自己最真挚的建议，但就是不能够让他失掉了自己的尊严和面子。这是作为一个上司最宝贵的东西，谁触碰了这种威严，就意味着你之后的日子，别想好过了……

白骨精箴言

尽管有的时候，你对上司的一些表现有些不满，尽管有的时候你已经发现了他语言中的破绽，但你也要知道，这个世界上没有完美的人，上司是人而不是神，有了错误是很正常的事情，你可以在适当的场合，适当的时间向他说出自己的建议和提醒，但是在正规场合一定要给足他面子，只有这样，你们之间的关系才能更加和谐，你的职场生涯才不至于被一层莫名的阴影笼罩。

上司面前，你的忠诚很重要

忠诚是一种真心待人、忠于人、勤于事的奉献情操，它是出自人的内心，而不是虚伪装作出来的。不管到什么时候我们都要记住：赝品是绝不能永远使人受骗的。诚然，忠诚的表现对一个学能俱优的人来说，真的是一种沉重的负担，经常是无法做到的。但为

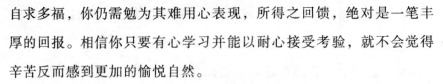
自求多福，你仍需勉为其难用心表现，所得之回馈，绝对是一笔丰厚的回报。相信你只要有心学习并能以耐心接受考验，就不会觉得辛苦反而感到更加的愉悦自然。

通常凡人能以忠诚对待别人，势必可获致对方的喜爱甚或青睐。尤其在职场中，上司喜好用忠诚度高的部属。事实上，任何人均不能容忍或原谅别人对其不忠诚，尤以上司为甚。在古今实例中显示，不忠诚的部属往往会造成上司莫大的危害，与其共事无异于养虎遗患。试想一个上司怎会对此类部属有好印象而愿意重用呢？因此不论你的学识才能俱佳以及干劲十足，如未能对上司表现出忠诚不二，则很难获得其重用与提拔。

忠诚是职场中最应值得重视的美德，只有所有的员工对企业忠诚，才能发挥出团队的力量，才能凝成一股绳，劲往一处使，推动企业走向成功。一个公司的生存依靠少数员工的能力和智慧，却需要绝大多数员工的忠诚和勤奋。

有的时候上司在用人时不仅仅看重个人能力，更看重个人品质，而品质中最关键的就是忠诚度。在这个世界上，有能力的人到处都是，但只有那种既有能力又忠诚的人才是每一个企业企求的理想人才。我们宁愿相信一个能力差一些却足够忠诚敬业的人，也不愿意重用一个朝三暮四、视忠诚为无物的人，就算他真的有过人的能力。如果你是上司，相信你肯定也会这么做。

如果你忠诚地对待你的上司，他也同样会真诚地对待你；当你的敬业精神增加一分，别人对你的尊敬也会增加一分。不管你的能力如何，只要你真正表现出对公司足够的忠诚，你就能赢得上司的信赖。他会很乐意在你身上投资，给你培训的机会，提高你的技能，因为他认为你是值得他信赖和培养的。

上司之所以能成为上司，他绝不会是一个责任心严重缺失的人。他自然希望自己所信任的人，能为他扛起一片天，不时给他一个惊喜。如果你心存侥幸，时不时地在工作中掺点水搞点假玩点儿什么花样，别以为能瞒天过海，实际上你玩的一切都是他玩剩下的，在这方面他是专业玩家，而你只是新手学徒。他可能表现出不闻不问，只是他不屑于跟你计较，或暂时顾不上理会，一旦哪天他有心情跟你计较了，那绝对不是你想要的结果。

杨帆在大学毕业后通过公务员考试，录用到某市司法局任科员。小伙子专业素质很好，为人也很机灵，工作勤恳能干，深得上司赏识，两年后便被任命为局办公室副主任。然而，当上办公室副主任后的杨帆不久却像变了一个人似的。对上司不再像以前那样唯唯诺诺，而是当面一套背后一套，对交办的工作也不再那么尽心去做，能推脱就推脱，能偷懒则偷懒。工作压力稍大一些，就会不分场合地发一通牢骚，有时甚至添油加醋暴出上司的所谓的"隐私"，所有这些都使得上司对他十分恼火，同事也都认为他变化太大。不久在年终考核中，他得票最低自然末位淘汰，被免除办公室副主任职务。

每个上司都希望下属对单位忠诚，对领导忠诚，这两者实际是相辅相成、缺一不可的。作为下属，切记对上司千万不要"躲猫猫"，因为上司也是从下属走过来的，当下属的时间比你长得多，而且现在对于他的上司来说他仍是下属。你切不可聪明过了头，在他面前阳奉阴违，别看他整天在办公室里正襟危坐，实际上对你的心理洞若观火，对你的花样更是看得明明白白。

对上司忠诚并不是口头上的，而是要用努力工作的实际行动来体现。我们除了做好分内的事情之外，还应该表现出对上司事业兴旺和成功的兴趣，不管上司在不在身边，都要像对待自己的东西一样照看好上司的设备和财产。另外，我们要认可公司的运作模式，由衷地佩服上司的才能，保持一种和公司同发展的事业心。即使出现分歧，也应该树立忠实的信念，求同存异，化解矛盾。当上司和同事出现错误时，坦诚地向他们提出来。当公司面临危难的时候，和上司同舟共济。

绝大多数人都必须在一个社会组织中维持自己的职场生涯。只要你还是某一机构中的一分子，就应当放下所有的借口，为它投入自己的全部忠诚和责任。一荣俱荣，一损俱损！将身心彻底融入整个公司，整个集体，尽职尽责，处处为上司着想，对他承担投资风险的勇气抱以钦佩的态度，对他所要承担的压力表示理解和体谅。

这个世界需要忠诚，整个企业需要忠诚，你的上司同样需要忠诚，想把自己的职场路走好，你首先就要拿出自己那颗忠诚的心去面对自己手头的工作，去勇于承担自己的那份责任，只有这样，你的事业之路才会越走越稳，你才能在职场道路上立于不败之地。

白骨精箴言

忠诚最根本的目的不是为了上司，不是为了公司，不是为了其他任何人，而是为了自己！为自己获取来自社会各方面的帮助。当你用自己的忠诚感动了身边的每一个人，你就会发现当自己深陷困境的时候，会有无数双手友好地伸向你，你永远不会担心失业，永远不会担心没有经济来源，因为你拥有着一笔无形的财富，这笔财富使你终生受益，一生幸福。

这样做，才能赢得领导的器重

一个有才华的人，理论上会得到上司的赏识重用。但这有时也未必。如果上司不认可，这个人就极可能被埋没，不能充分施展自己，发挥应有的作用。谁都希望能得到上司的赏识，因为这能决定一个人的命运。只有做一个让上司赏识的人，才能在自己的职场生涯中越走越顺、越走越稳。

作为一名中层管理者或普通员工，我们都深知取得上司的信任、支持与赏识的重要性，因为他是我们的老大，你即使有通天彻地、降妖伏魔之能，也难免被唐长老一句紧箍咒念得头疼欲裂；即便你如有妙计三千的诸葛孔明，也难免于《出师表》、《再出师表》中无奈地饮恨；哪怕你有金戈铁马去的万丈豪情，也难免马革裹尸还的苍凉悲壮。那么，如何赢得上司的信任、支持与赏识呢？很多人都在思考着这个很重要的问题，下面把最重要的几点列给大家，希望可爱的白骨精们能从中找到自己最想要的东西：

建立自己良好的职业形象

办公室不同于学校，一旦踏进职场，就需要时刻注意保持自己的职业形象。首先是穿着，被认为最得体的办公室穿着，是和上司或老板风格相似而不是雷同的着装。聪明地模仿上司的穿着，会让

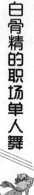

他在不知不觉中对你产生亲近感。但是你一定要注意永远别穿得比自己的上司还出风头，否则一定会给自己带来不小的麻烦和尴尬。其次就是要注意自己的精神面貌，没有任何人愿意看到自己身边的同事整日迷迷瞪瞪，无精打采，多疑，我们必须尽量让自己每天保持饱满的精神状态。平时尽可能做到"站如松，坐如钟，行如风"。如果可以再多点阳光般的微笑，那就是最令人满意的职业形象了。还有一点更是不容忽视，那就是让自己的办公桌时刻保持整洁，这样你的上司会认为你是一个处处讲究条理的人，那么事情交给你就一定会很放心。

勇于担当重任

作为领导，他关心的是怎样才能创造出政绩。诚然，政绩的取得离不开下属的配合。一个单位的工作涉及方方面面，单靠领导一个人是根本无法做好的。这时候，领导会把一些工作分配给下属去做。一般情况下，谁都想少出点力，多捞点好处。但是，对于领导来说，单位中一些吃苦受累的重活必须有人替他分担，在别人推脱的时候，如果你站出来替领导把重担挑起来，领导必定会对你刮目相看。因为大多数领导都不喜欢那些在工作上和他讨价还价的下属，他只欣赏那些能为他着想、为他分担重任的下属。

不断修炼自己的内功

如果你想成为上司眼中一流的员工，就必须办事讲究效率，让老板确认你是个能干的人。如果你做事慢慢腾腾，怎么都无法提高效率，那么，无论你心地怎样善良，或工作态度怎样认真，都不会得到上司的重用。一旦在他眼中你被认定是懒虫、委靡不振、只会说恭维奉承话、爱发牢骚的人，那你就很难在职场生涯中咸鱼翻身了。相反，如果你对老板委托你办的事，能够顺利完成，然后你再问老板："您还需要我做点什么？"这样一个接一个地给自己找事做，相信上司一定会对你提起重视。同样一项工作，有的员工可以十分轻松地完成，而有的员工还没有完成就时不时出现这样那样的问题，关键在于有的人在用大脑工作，他会去考虑如何用有效的方式在最短的时间内生产更多更好的产品，而有的人仅仅只是在用双手工作而已。用脑工作的员工会去考虑如何用最低的成本、最少的时间把工作做得更好。这就是优秀员工与一般员工的本质区别。

要学会工作

要想把工作上的事情做好就要注意以下几件事情：

首先要守时。只有能够负责任的人，上司和同事才会放心把最重要的事情交给你。第二是学习。让上司和同事知道你是一个善于学习且乐于学习的人。很多人都想超越他的上司，这种精神非常可贵，但要超越你的上司，首先就要向上司学习。只有不断地学习，不断充实自己，才会更好地提升自己，获得上司的赏识和提拔。第三是勤恳。我们一定要特别强调如何表现出勤恳的工作态度，最有效的方法是成为办公室来得早走得晚的那个，相信经过长时间的努力，你的上司一定会看到你身上的闪光点。第四是谦和。很多人尤其是新人会认为工作积极的表现就应该表现得非常有抱负有目标，其实这个观点并不是完全正确的。上司尽管内心会喜欢那些有目标有追求的下属，但是更愿意那些下属可以在团队中表现得有谦和力，有团结协作的精神。因为在上司眼里团队的"平衡"和"和谐"才是自己最关心的事情。

总而言之，要使上司赏识自己，也不是一朝一夕的事，只有在平时的工作中慢慢地体察，从点点滴滴做起，一步步在上司心目中树立起自己良好的形象，将你的"与众不同"深刻印在上司的脑海里，才能牢牢抓住上司的心，使自己在职场生涯中找到自己最稳定的位子。

每个人都要适应自己不同的上司，要认可他的优点，不时地调整自己去适应这个环境，要学会为自己去创造伯乐，让上司更深入地了解你的优点和缺点。但是，你要别人了解你，必须先要了解别人，只有做好一个追随者，才能有机会成为一个好领导，才能在自己的职场生涯中步步为营。

做个善于领会上司意图的好下属

在人际交往中，要想赢得上司好感，就要多琢磨上司的心事，准确领会他的意图，这样才能投其所好。在职场道路上，能够揣摩上司的意图，并"对症下药"的人才能官运亨通，不善于领会领导意图的人只能自讨苦吃。所以这门"心有灵犀"的功夫是非练不可的。

准确了解上司的意图是你与上司搞好关系的前提条件。每位上司由于各自背景的不同，其工作方法和思维方式也各不相同。因此，与不同的上司相处时，应根据其性格、思维方式，因人而异地选择工作方法和处理方式。

作为上司，为了考察一个人，或者为了尊重部属，有时候，往往有意不将自己的管理意图说得那么明显，不把话说满、点透，这时候就需要我们多花一点心思，仔细去领会其中的潜台词，从而做出自己的判断，才有可能同上司达成某种默契。

在日常生活中，待人处世也应做到知己知彼，"见什么人说什么话"，对不同的人运用不同的交往之道，随机应变，才能事事顺遂。比如，在和领导相处时，就要根据领导的性格特点和其好恶，对自己的为人处世方式做一些必要的修正，以便迅速赢得领导的好感，建立起一定的感情。在此基础上，领导才会有兴趣深入了解和考察你的才干，并使你"英雄有用武之地"。

在与上司的交流和相处中，无条件执行并不表示没有个人看法，但是出于对全局的考虑，也不要干出彻底否定上级决策的事儿。因此，对上级的决策应在实行的过程中揣摩其意图，把握好掺入个人意见的分寸，从而达到预期的工作效果。了解上级的性格、工作方法和思维方式，不仅可以在实际工作中去揣摩，还可以通过各种途径，如单位聚会、与上司一同出差等机会与其交流，增进彼此了解，以便在工作中更好地配合领导的意图，提高工作效率。

能够懂得上司的想法，在他正想着要做某件事之间，你就已经把事情做好了。在处理与上级的关系时，有些人常犯一个错误，以为要讨好上司，就得阿谀奉承。就像电视剧《宰相刘罗锅》中的奸臣和珅那样，整天跟在皇帝屁股后面拍马屁。其实，那只不过是艺术夸张，真正的和珅即使拍马，也不会拍得那样露骨那样肉麻，否则的话，他绝对不可能拍到那样高的位置。会博得上司欢心的人，往往并不使用"你真高明！""你真伟大！"等陈词滥调，他们会在无声无息中打动领导的心弦。他们善于领会上司的意图，顺着上司的思路开展工作。

赢得上司好感，不一定要天天围着上司溜须拍马，而是要你仔细观察上司的兴趣、爱好、个性，即使做不到和上司"心心相印"，但至少不必"哪壶不开提哪壶"。

白骨精箴言

下属与上司的理想关系是达成互动性的人际默契。所谓互动，就是同上司间的沟通、交流，达成某种程度上的互助互补互利；所谓默契，就是在脾气个性、处世方式等方面相互摸底，达成某种共识，以体谅与合作甚至心照不宣的方式共同促进。只有这样我们才能更深刻地了解上司的意图，才能和上司更好地配合，最终到达心有灵犀的最佳境界。

"进谏" 也要巧妙灵活

我们每个人都有自己的一系列的观点和看法，它支撑着我们的自信。无论是谁，遭到别人直言不讳的反对，特别是激烈言辞的迎头痛击时，都会产生敌意，导致不快、反感、厌恶乃至愤怒和仇恨。这是人类本能的自我保护机制的反应。所以，要想让上司听取你的建议，就需要采取灵活巧妙的沟通方式，让其心情愉悦地接受你的意见，这才是谋取胜利的最佳手段。

下属向上司"进谏"，是一项艺术性要求很高的工作。由于上下级之间存在着支配和被支配、服从和被服从的关系，因此下属"进谏"能否被上司接受和采纳，主动权和决定权基本掌握在上司的手里。在现实生活中，我们常常看到，有时尽管下属的"进谏"是对的，但上级却并不愿采纳或接受。这里面原因可能很多，但有时下属"进谏"艺术不高，不能引起上司的共鸣，就是"进谏"失败的重要原因之一。因此，在向上级"进谏"的过程中，讲究方法和艺术十分重要。

美国经济学家罗斯福总统的私人顾问亚历山大·萨克斯，在1939年受爱因斯坦等科学家的委托，企图说服罗斯福重视原子弹研究，以便抢在纳粹德国前制造原子弹。

尽管有科学家们的信件和备忘录，但罗斯福的反应冷淡。他

说："这些都很有趣，不过政府若在现阶段干预此事，看来为时过早。"罗斯福为了表示歉意，决定邀请萨克斯于第二天共进早餐。早餐开始前，罗斯福提出，今天不许再谈爱因斯坦的信。

萨克斯含笑望着总统说："我想谈一点历史。英法战争期间，在欧洲大陆上不可一世的拿破仑在海上却屡战屡败。这时一位年轻的美国发明家富尔顿来到了这位法国皇帝面前，建议把法国战舰上的桅杆砍掉，撤去风帆，装上蒸汽机，把木板换成钢板。但是，拿破仑却想，船若没有帆就不能航行，木板换成钢板，船就会沉没。他嘲笑富尔顿简直是想入非非，不可思议！结果富尔顿被轰了出去。历史学家们在评论这段历史时认为，如果当初拿破仑采纳富尔顿的建议，19 世纪的历史就会重写。"萨克斯说完后，目光深沉地注视着总统。

罗斯福沉思了几分钟，然后斟满酒递给萨克斯，说道："你胜利了！"

给上司提建议，很重要的一个方面，就是一定要注意时机和场合，以便使领导能用心领会你的意见，并不会导致对你的反感。一般来说，在轻松环境中提出建议会使领导更容易接受。特别是如果你能把所提的建议同当时的情景联系起来，通过暗示、类比等系列作用，则会对领导有更大的启发。还有些比较成功的下属善于接住领导的话茬儿，上承下转，借题发挥，巧妙地加以应用，从而很好地触动了领导，使许多悬而未决的问题得到了解决。

俗话说"君子藏器于身，待时而动"，因此你在上司面前表现自己时，尤其是提建议时要谦逊并掌握一定的技巧，以免让他认为你自大狂妄并且恃才傲物，盛气凌人。那么究竟怎样做才算得上是最灵活、最适当的进谏方法呢？看看下面的建议，希望能够对朋友们有所帮助：

多献可，少加否 "献其可，替其否"，这是《左传》中的一句话，其意思是说，建议用可行的事情去代替不该做的事情。在向上司"进谏"时"多献可，少加否"，包括两层含义：其一，要多从正面去阐发自己的观念；其二，要少站在反面立场去否定和驳斥上司的观点，甚至要经过曲折变通的办法有意识地去回避与上司的看法产生正面冲突。

多"桌下"，少"桌面"

所谓的"桌下"和"桌面"，分别指的是非正式场合和正式场合、私下交流和当众交换看法。所谓"多'桌下'，少'桌面'"，就是说下属向上司提出自己的意见时，要多利用一些非正式场合，少在正式场合对其提出自己的不同意见。进谏的时候，也尽量和上司采取私下探讨的方式，防止和上司产生正面冲突。这样做不仅能给对方留有回旋余地，即便自己的观点有失误，也不会有损本人在大众心目中的形象，而且还能有效地保护上司的个人尊严，不至于使其陷入被动和尴尬。

美国的罗宾森教授曾说过这样一段很有启示的话："人有时会很自然地改变本人的看法，但是假如有人当众说他错了，他会恼火，愈加固执己见，甚至会一心一意地去保护本人的看法。这不是那种看法本身多么珍贵，而是他的自尊心遭到了要挟。"罗宾森的话告诉我们人人都有着他们不可侵犯的自尊心，人人都有保护本人尊严的天性。作为下属即便在向上司"进谏"时也切记要保护对方的尊严。

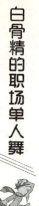

多"引水",少"开渠"

所谓,多"引水",少"开渠"的意思讲的是对自己的上级"进谏"的时候,不要直接去点破他的错误或直接代替他作出你认为正确的决策,而是要用探索、引导、征询意见的形式,向上司讲明其决策、看法本身与实际情况是不相符的,使上司在看了你所提出的建议材料消息后,水到渠成地作出你想要表达的正确决策。

戴尔·卡耐基曾经说过:"假如你仅仅提出建议,而让别人本人去得出结论,让他觉得这个想法是他本人的,这样不更聪明吗?"很多研究也表明,人们对关于本人得出的看法,常常比别人强加给自己的看法愈强。因而作为一个聪明的下属,让自己的看法变成上司的想法才是最聪明的一种进谏方式,有些时候我们没有必要费尽心机地去纠正上司的错误,而是仅仅做好指导任务,提出建议、提供材料,并指明其中蕴涵着的深刻结论,然后留给上司自己去定夺就行了。

进谏最好避免开门见山,同时更要杜绝高高在上的姿态,要于进谏前深思熟虑,要于进谏时循循善诱,要于进谏后不居功自傲,将成功归功于君主的贤明。只有这样,才能达到目的,且又深得上司喜爱,同时让自己的职场生涯拥有更多的机遇。如此的一举三得岂不胜过白白牺牲?

不要表现得比上司还高明

尽管你有自己优秀的能力，尽管你有着自己别出心裁的创意，但请不要忘记你在这场戏中的角色，不管什么时候都不要表现得比上司还要高明，这不仅仅是对他的一种尊重，也是一种自我保护的方式。当你带着谦卑的态度来辅佐自己的上司时，你就会发现其中的好处。它不但可以帮你谋取上司更多的信任，还可以让你在不知不觉中得到更多职场发展的新机遇。

被别人比下去是一件很令人恼恨的事情，所以要是你的上司被你超过，这对你来说不仅是一件蠢事，甚至还会对你产生致命的伤害。自以为优越总是讨人嫌的，特别容易招惹上司嫉恨，因此，对寻常的优点可以小心加以掩盖，例如相貌长得太好亦不妨用某种缺陷加以抵消。大多数的人对于在运气、性格和气质方面被超越并不会大动干戈，但是却没有一个人（尤其是领导人）愿意在智商上被人超越。因为智商是代表着一个人人格特征主导。当领导的总是要显示出在一些重大的事情上都比其他人要高明。他喜欢有人辅佐，却不喜欢被人超过。如果你想向某人提出忠告，你应该显得你只是在提醒他某种他本来就知道不过偶然忘掉的东西，而不是某种要靠你解疑释惑才能明白的东西，此中奥妙亦可从天上群星的情况悟得：尽管星星都有光明，却不敢比月亮更亮。

　　三国时期，曹操的谋士杨修是个聪明绝顶的人。有一年，工匠们为曹操建造相府的大门，当门框做好，正准备做门顶的椽子时，恰好曹操走出来观看。曹操看完后在门框上写了一个"活"字，便扬长而去。杨修见状，立即叫工匠们拆掉重做，并说："丞相在门框上写个活字，意思是'门'中有'活'即'阔'字，就是说门做得太窄小了，要'阔'大。"杨修的确够聪明，竟然能够从一个字揣摩出曹操的心里所想，但他的聪明，也招致了曹操的嫉恨。

　　建安二十四年，曹操与刘备争夺汉中，屡遭失败。曹军不知道是进还是退，曹操便以"鸡肋"二字为夜间口令，将士们都不解其意，只有杨修明白："鸡肋就是吃起来没什么味道，丢掉又觉得可惜，丞相的意思是要撤兵啊！"他便私下告诉大家收拾行装，随时准备撤兵。没多久，曹操果然下令撤军了。当曹操知道杨修事先把机密告诉大家时，终于找到借口，以"泄露机密，私通诸侯"的罪名，将杨修杀掉。

　　虽然当今不会再出现历史上草菅人命的暴君，但刚愎自用、妒贤嫉能之人却大有人在。面对纷繁复杂的职场潜规则，作为下属一定要学会示弱，在主管面前示弱，在自己的上司面前示弱，尽可能地保持低调严谨的作风，千万不要逞强，要知道是星星就不能比月亮更亮。这种避芒藏锋的做法是一种自我保护，决不是窝囊；这个时代，爱出风头的性格必定会给自己带来不小的伤害。所以，聪明的商人要经常反省自己的性格缺陷，虽然性格不能百分之百决定一个人的命运，但至少会影响一个人的命运。

　　在更多的时候，上司需要并提拔那些忠诚可靠但表现可能并不是那么出众的下属，因为他认为这更有利于他的事业。中国有个古老的寓言，叫"南辕北辙"，意思是说，目的地在南方，但驾车的方向却对准了北方，结果跑得越快，离目标越远。同样的道理，如果上司使用了不忠诚的下属，这位下属就是同自己对着干或者"身在曹营心在汉"，那么这位下属的能力发挥得越充分，可能对上司的利益损害越大。

所以，善于处世的人，常常故意在明显的地方留一点儿瑕疵，让人一眼就看见他"连这么简单的都搞错了"。这样一来，尽管你出人头地，木秀于林，别人也不会对你敬而远之，他一旦发现"原来你也有错"的时候，反而会缩短与你之间的距离。

其实，适当地把自己安置得低一点儿，就等于把别人抬高了许多。当被人抬举的时候，谁还有放置不下的敌意呢？要知道，只有当他对别人谆谆以教的时候，他的自尊与威信才能很恰当地表现出来，这个时候，他的虚荣心才能得到满足。

上司交办一件事，你办得无可挑剔，似乎显得比上司还高明。你的上司可能就会感到自身的地位岌岌可危，你的同事们可能会认为你爱表现、逞能。置身于这样的氛围，你会觉得轻松吗？

如果换一种做法，对于上司交办的事，你三下五除二就处理完毕，你的上司会首先对你旺盛的精力感到吃惊，效率高嘛。而因为快，你虽然完成了任务但不一定完美，这时上司会指点一二，从而显示他到底高你一筹。这就好比把主席台的中心位置给领导留着，单等着他来做"最高指示"。记住，任何时候、任何情况下，都不要表现得比上司高明，不要让自己成为上司眼中的不定时炸弹。

"善守者，藏于九地之下。"这是《孙子兵法》中的一句话，意思是说，善于防守的人，像藏于深不可测的地下一样，使敌人无形可窥。在职场做事，也要谨以安身，避免成为别人关注和攻击的目标。这不仅可以保护自己，融入人群，与人和谐相处，也可以让你暗蓄力量，悄然潜行，在不显山露水中成就自己更大的事业。

与上司保持步调一致

职场中有一条很隐蔽的规则，那就是上级更愿意把机会提供给那些能让自己放心的下属。如果你能积极主动地向上司靠拢，与其保持一致步调，试着用上司的惯有思路去想问题，他就会对你投之以桃，报之以李。

通常情况下，你的表现和能力出色与否，主要是你的上司说了算的。因此，你要懂得如何与上司建立一致性，他觉得重要的事情你就觉得重要。他认为紧急的事你也得认为紧急，这样你才能和他保持一致，你们才能劲往一处使。不要以为这是低级的"擦鞋"行为，只要不涉及人事斗争，而只是工作层面上的，那么与上司保持一致性不但会给上司留下一个积极主动的好印象，更关键的是让自己的工作也能开展得更顺利。

日本著名企业家松下幸之助习惯经常在空余时间巡视一下自己的公司。一天深夜，他发现一间办公室的灯还亮着。

"我绝不饶恕这种浪费的行为！"一贯严厉的松下幸之助误以为哪位员工下班的时候忘记了随手关灯。

当他打开办公室门的时候，一位女士正在打字机前忙碌。

"我们并不鼓励疲劳作业。"松下幸之助轻咳了一声。

"对不起，董事长，因为临时多了一些材料，所以我留下来打算做完。"

"您为什么不等明天上班继续做？"松下幸之助的语气缓和了下来。

"小泉主管习惯一上班就看当日的材料，所以，我觉得应该今天把它做完，这样小泉主管明天一早就可以看到这些材料了！"

松下幸之助深深地被这位女员工感动了，感动他的不仅是这位女员工对工作的负责，更是她能将自己上司的工作习惯来作为指导自己工作的态度！

"能如此与上司保持步调一致的员工，不仅会是一名忠诚上司指令的员工，更会是一名能出色完成任务的员工！"松下幸之助由衷地赞赏道。

第二天，这位女员工就成了松下幸之助的助理。

从此，"与上司保持步调一致，并绝对地忠诚"也作为一种企业文化，被松下公司传承了下来。

俗话说，疾风知劲草，困难识忠臣。在关键时刻你能为上司

出力，上司才会真切地认识与了解你，会认为你对他是忠诚的。如果你在工作中像一块木头，呆头呆脑，冷漠无能，畏首畏尾，上司便会认为你是一个无知无识、无才无能的平庸之辈，这样的员工怎么能得到上司的欣赏？由此看来，如何做到"与上司保持步调一致，并绝对地忠诚"，就成为了摆在所有员工面前的一个很严肃的问题。这就要求每个员工的言行都必须以符合上司的决策和最终圆满完成任务为前提，而且在能帮助上司的地方尽你最大努力去帮助他。

那么究竟怎样做才能切实地与上司保持一致，和自己的上司建立和谐友好的相处关系呢？看看下面的建议，希望能够对大家有所帮助：

服从是沟通的第一步

服从，是每一个员工必须具备的最基本的素质。很多具有满腹才华的人，就是因为缺乏服从的品性，最终一事无成。为了公司的利益和需要，每一位决策者——老板，只会保留和提拔那些最优秀的执行者——雇员。

中国有句老话叫做"恭敬不如从命"，这真的是一句至理名言，它告诫后人：对上司，服从是第一位的。下级服从上级，是上下级开展工作，保持正常工作关系的前提，是融洽相处的一种默契。也是领导观察和评价自己下属的一个尺度。有人曾说，"观察他同上司共同处理事情时是否同忧同乐，来决定他是否是个心地纯正的人"，从而决定他是否是一个职位最合适的人选。

尊重上司

相互尊重，是协调好人与人之间关系的基础，当然也包括协调与上司的关系。人都有自尊心，上司也不是神仙，他们都有争取社会承认、希望被人尊重的心理需求。当然尊重是相互之间进行的，但作为员工，更应积极主动地去努力。

当你忠实于自己的企业，忠实于自己的老板，与同事们同舟共济，你就会获得一种集体的力量，人生就会变得更加饱满，事业就会变得更有成就感，工作就会成为一种人生享受。越往高处走，对忠诚度的要求就越高；与此相对应，你的忠诚度越高，就越有获得提升的机会。

有选择地利用上司的时间和资源

浪费上司的时间和精力的下属，就像行事不可靠的下属一样，其做法会破坏良好的上下级关系。因此，应该有选择地利用上司的时间和资源。虽然大家都明白这个道理，然而令人吃惊的是：实际上许多人竟然占用上司的时间去讨论一些鸡毛蒜皮的事。这些人根本没有想到这样做会有什么后果。

白骨精箴言

建立与上司的一致性，使其觉得你的领悟能力符合他的预期，这一点非常重要。每个人都有自己最熟悉、是适应的一套处理法则，如果你能获得上司的认同，就应该学会熟悉并配合他的习惯，那么你就进入了获得认可的快行道。

掌握与上司相处的六大智慧

在职业生涯中你会碰到各种上司，有的可爱，有的可敬，也有的可畏。但请记住，不管是哪种，他或她都是你的上司，能成功地与上司相处，不但对你的事业前途大大有益，而且还是一块锻炼你思考和处理人生难题的试金石。

人人都知道身为下属的应了解上司的生活习惯、处世作风，然后投其所好。但若处理不当，则有可能被贴上巴结的骂名，因此难以拿捏和上司之间的距离。当然，上司的确掌握了你的去留生杀大权，但他毕竟是个人；而且可能也是从基层开始的"过来人"；因此，你不该预设立场，把一切往负面的方向去思考。

倘若你恰当处理与上司间的关系，不仅能博得好感，当升迁机运来临，更能得到实质的赏识和帮助。那么，怎样处理好与上司的关系呢？下面就介绍给大家 6 种与上司相处的智慧，帮你彻彻底底学会变通，使你和上司之间的关系更加和谐，更加到位。

适时为上司背背黑锅

多留心上司的喜好，会做人才能受器重。有心的上司，都很希望他的部下来询问。部下来询问，就表示他（她）在工作上有不明之处，而上司能解答，可以减少错误，上司才放心。

如果你假装什么都懂，一切事情都不想问，上司会觉得："真伤脑筋，这个人是不是真正了解了呢？"从而感到担心。当上司尚未叫你到他眼前，你应先自动地去问："关于这件事，这个地方我不太了解。"或："这一点是不是可以这样理解，不知经理的意见如何？"

上司一定会很高兴地说："嗯，就照这样做！"或："大体上就这样好了！"对你设想不到的地方加以补充，并将不对的地方加以纠正。

别忘了在他人面前称赞上司

当着上司的面直接给予夸赞，虽然也是一种"奉承"上司的方法，却很容易招致周围同事的轻蔑。而且，这种正面式的歌功颂德，所产生的效力反而很小，甚至有反效果的危险。

与其如此，倒不如在公司其他部门，上司不在场时对其适度称赞一番。这些赞美终有一天还是会传到上司耳中的。同样地，如果你说的是一些批评中伤的话，迟早也都会被泄露出去的。一个精明能干的上司，即使在他管不到的部门内，必定也会安置一两名心腹的。

自己的下属在其他部门是否受欢迎，这也是上司很在意的事情。自己的部下很得人缘，上司也会觉得自己很有光彩。如果又知道，哪位部下在其他部门中不遗余力地称赞他，不用说，上司对那位部下的好感度是直线上升的。

不过，要特别注意的是，如果一个下属和其他部门的人，尤其是和其他部门的上司走得太近，这时，直属上司可能就会不高兴，必定，人总是有猜疑心的。

留心自己的服装仪容

男性主管大多只着眼工作能力，但女性主管却会注重你的服装仪态。如果你的服仪太年轻可爱，或者领口很低太过性感，都有可能引来女主管不好的印象。女人天生心思细腻，要求入微，因此你不能轻视自己的态度举止，包括那无声表态的"上班服装"，从你的衣着，精明的女主管便能猜出你下班后的去向，如果你希望被她视为可用的专业之才，就别轻易把相亲的小洋装穿出门。

与上司保持好"一米阳光"

你与上司工作领域的地位差异，这点是人人心里有数，虽然近朱者赤，多和上司往来可以学习到他的成功经验，但不要过从甚密，以免不经意涉入对方私生活之中。不管你的上司是男是女，是你的至亲或好友，在职场里是什么辈分就有什么分寸，你要懂得拿捏和上司之间的应对进退，以免造成他对你的提拔关照，却被人影射走后门，相信这样飞短流长的结果对公司是百害无一利，也不会是你所乐见的。

别轻易探询上司的私生活

首先要注意在与上司沟通时，千万不要窥探上司的家庭秘密、个人隐私。你可去了解上司在工作中的性格、作风和习惯，可是对他个人生活中的某些习惯和特点则不必过多了解。

毕竟他是你的上级，会有许多事情对你保密。有一部分事情你只能知其然而不必知其所以然。因此，你千万不要成为上司的"显微镜"和"跟屁虫"。和上司保持一定的距离还有一点需要注意的，就是要注意时间、场合、地点。有时在私下可以谈得多一些，在公开场合，在工作关系中，就应有所避讳，有所收敛，不要使私人感情、私人关系超越了工作关系。

选择坐在上司的身边

常见到这种情景，在事先没有安排座次的座谈或某些较随意的场合，许多下属都争着坐在离上司较远的地方。有时上司主动招呼下属向他靠拢，但下属却惴惴不敢从命。

也许有的下属怕坐在上司旁边，被人在背后说拍领导马屁，结果好像领导身边就成了禁区。其实，如果心地坦然，敢于坐在自己的上司身边，恰是一种自信自强的表现。你想，坐在上司身边，就意味着要随时应答上司的谈话。上司会从你的举止谈吐中感觉你的素质与风度，还会从你对事物的分析中看出你认识问题的水平，甚至能从你那不卑不亢、有礼有节中感受你的人格魅力。一个对自己的素质修养和业务能力充满自信的人，是不怕同领导坐在一起的。相反，有了与领导面对面沟通与交流的机会，会促使领导慧眼识才，更进一步地了解自己。同时，你也可以在同领导的交谈与探讨中，更深入地了解领导，学习许多新的东西。正如同有的秘书常在领导身边，对领导的认识水平与办事经验言传身教、耳濡目染，从而"胜读十年书"，获益匪浅。

总而言之，你应该常常跟在领导左右，如果你总是怕人说三道四，而甘当"后排议员"，那你就永远也无法引起领导的注意，所以你要学着会做人。

与上司保持良好的关系，是与你富有创造性、富有成效的工作相一致的，你能尽职尽责，努力工作，就是为上司做了最好的事情。

 白骨精箴言

　　每一个人都有一个直接影响他事业、健康和情绪的上司。与你的上司和睦相处，对你的身心、前途都有极大的影响。掌握好与上司和睦相处的智慧，做一个了解上司，懂得上司的人，是每一个职场白骨精都必须深入研究的问题。只有把这本经参悟明白，未来的职场道路才会更加平坦，更加顺利。

第三章

跳跃中的起落，领舞人的凝聚力
——对待下属，恩威并重

领导者与下属的关系，是领导活动中诸种关系中最重要、最普遍、最直接的人际关系。这种关系处理得好坏，直接影响领导工作的成败。一个成功的领导者必定与下属关系融洽，合作愉快，而且在下属中赢得威信；相反，一个领导者若与下属关系紧张，分崩离析，也不可能开展好工作。那么领导者应如何处理好与下属的关系呢？

给予你的下属恰到好处的赞美

每个人都需要赞美、需要精神鼓励，一个人在完成工作后总希望尽快了解自己工作的结果、质量、社会反馈，如果受到的是积极肯定，那他工作起来就会更有信心。鼓励和赞美之所以能对人的行为产生深刻影响，是因为它满足了人的自尊心的需要，重视赞美的作用，适当地赞美下属，是领导者的有效管理办法之一。

有一个厨师善长做烤鸭，然而他的经理却吝于给他一句赞美，这让厨师感到很难过。有一天，一个客人发现烤鸭只有一条腿，就向经理投诉。经理很生气地让厨师解释是怎么回事，厨师笑着说："咱们养的鸭子本来就是一条腿啊！"经理自然不信，两人一起来到后院，只见鸭子都趴在地上休息，只有一条腿露在外面，经理一拍巴掌，鸭子吓得连忙跑了！经理生气地说："它们不都有两条腿吗？"厨师很镇静："经理，那是因为你鼓掌，它们才露出另一条腿的！"这时经理才明白厨师的意思。

我们中国人不习惯赞美别人，把对别人的赞美埋在心底，总是通过批评别人来"帮助别人成长"，其实这个想法是错误的，赞美比批评带给别人的进步要大。如果把"赞美"运用到企业管理中，就是人们常说的"零成本激励"。作为领导，首先应该明白自己员工的心理，其次，学会赞美自己的下属。但真正能做到这些，其实是很不容易的。

金钱在调动员工的积极性方面不是万能的。美国著名女企业家玛丽·凯经理曾说过："世界上有两件东西比金钱和性更为人们所需要，那就是认可与赞美。"身为一个领导者，如果能够经常在公众场所表扬和奖励你的下属，往往能够激发他们无比的干劲和热情。

韩国某大型公司的一个清洁工，本来是一个最被人忽视，最被人看不起的角色，但就是这样一个人，却在一天晚上公司保险箱被窃时，与小偷进行了殊死搏斗。当有人为他请功并问他的动机时，他的答案出人意料地简单，他说：当公司的总经理从他身旁经过时，总会不时地赞美他"你扫的地真干净"。就这么一句简简单单的话，就使这位员工感动到应该"以身相许"，为了公司的利益不顾个人的生命安危。由此可见，赞美的力量是何其的伟大。

一般说，高层次的需求是难以满足的，而赞美之词，部分地给予了满足。这是一种有效的内在性激励，可以令人激发和保持行动的主动性和积极性。当然，作为鼓励手段，它应该与物质奖励结合起来。行为科学的研究指出，物质鼓励的作用，将随着使用的时间而递减，特别是在收入水平提高的情况下，更是如此。

赞美是一门艺术。有的领导者不善于赞美，他们或者整天板着个脸，不愿跟下属打成一片，更不轻易表扬别人，并且动不动就批评下属、教训下属、惩罚下属，以为这样就可以显示自己的权威；有的领导在赞美下属时，不能做到公平公正，厚此薄彼，结果反而因此打消另外一些人的积极性；还有的领导经常空洞地赞美下属，

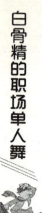

不能言之有物，员工听"疲"了，有如隔靴搔痒毫无反应。因此，领导者赞美别人一定要赞得是时候，赞得恰到好处才能起到激励的效果。

外国人经常会使用这种方式激励下属，每当下属工作非常优秀时，他们会自然地拍拍下属的肩膀，及时地送上一句赞美"good-job"、"goodguy"、"welldone"、"excellent"等，别看这么不起眼的一个举动、一句话，却会对下属产生非常好的激励作用，也有益于上下级之间的团结和友谊。

的确，在现代社会，要想让员工尽心竭力为公司服务，金钱奖励是一种办法，但收服人心，善于表扬，常会收到意想不到的结果。心理学家杰斯莱尔说："赞扬就像温暖人们心灵的阳光，我们的成长离不开它。但是绝大多数人都太轻易地对别人吹去寒风似的批评意见，而不情愿给同伴一点阳光般温暖的赞扬。"

及时表扬是一种积极强化手段，它可以使员工和部属很快了解到自己行为的反应，有利于巩固成绩，向前发展。有些主管却喜欢不动声色地观察别人的成绩，加以"储存"，然后在适当时候才找出来"提一提"或奖励一下，其效果已经减弱了一大半了。精明的领导都善于用赞美去激励下属，使下属为我所用，无论从哪方面讲，赞美都可以称得上是花费最小、收益最大的管理技术，所以，如果可以的话，多多赞美你的下属，你会发现自己会因此而受到更多爱戴。

"良言一句三冬暖。"赞美是一种伟大的艺术，具有一种不可思议的力量。它能让员工工作起来更有动力，能够让他们紧紧地围绕在你这个管理者的周围，与你肝胆相照，荣辱与共。所以作为公司的主管，除了用高额薪金和年终红包来奖励员工外，还要善于调动员工的积极性，令属下员工心情舒畅，自信心大增，积极性高涨，甘效犬马之劳，想做到这一点说难很难，说容易也很容易，只要你真正懂得适度赞美，一切就是如此简单。

把握好与下属相处的尺度

保持与下属的距离，保持领导者的权威；拉近与下属的距离，彰显领导者的"平民心态"。在"保持"与"拉近"之间，如何达到平衡？面对"距离"，上司该做些什么？领导者要善于把握与下属的远近亲疏，使领导的职能得以最充分地发挥和运用。"距离产生美"，放之四海而皆准。保持适当的距离才能保持永久的领导魅力。

作为上司一定要善待下属，但又要与员工保持一定的距离。上有好者，下必甚焉。要想成为一名优秀的领军人物，必须做出必要的牺牲。

首先讲一个故事：

唐王是个性情中人，疾恶如仇，爱憎分明。可是，自从当上皇上以后，他发现，这样的性格让他很难做事。对下属好了，他们登鼻子上脸；对他们不好，就会出现公务消极的现象。这些问题是唐王以前所没有料想到的。该如何处理和下属的关系呢？

与玄奘叙及，玄奘说："第一，要善待下属；第二，要和他们保持距离。"

唐王说："圣僧这话是矛盾的。善待他们还要保持距离，这怎么可能呢？"玄奘说："只有善待下属，他们才能够为圣上尽心出力。这样的例子不胜枚举，比如战国名将吴起，他所统率的军队打起仗来奋勇向前，战无不胜，令敌人闻风丧胆。为什么将士们都乐于为他效命呢？就因为他对下属非常好，爱兵如子，很会收买人心。有一次军中一位士兵生了脓疮而痛苦不堪，吴起看到了，就立刻俯下身去用嘴把脏乎乎的脓血吸干净，又撕下战袍把士兵的伤口仔细包扎好。在场的士兵无不感动得热泪盈眶。"唐王说："是啊，士为知己者死。收买人心是最厉害的管理招术。"

玄奘说："但这之间有个度一定要把握住，那就是对待下属好是好，但又一定不能与他们称兄道弟，距离是一定要保留的。"唐王问为什么。

玄奘说："因为圣上是领导，必须要有威信，否则如何管理这个国家。"唐王说："那样多苦闷啊，想交朋友就不敢交，不喜欢的人还要对他们好。"

玄奘说："这是没有办法的事，这是一个领导所要付出的代价。"唐王说："那朕能不能既和他们做朋友，又能让他们对朕保持尊敬呢？"

玄奘说："要是那样当然最好。但是，事情永远没有十全十美的，人的本性就决定了这是不可能的事。"唐王说："唉，没当皇上以前天天都想当，可当上了皇上，才知道要想做个称职的皇上这样难啊，而且还要付出那么多。"

玄奘说："这是没有办法的事。要想像正常人与人一样交往也可以，但前提是，圣上必须不做皇上，而做一个平民百姓。"唐王叹道："早几天，一个一向只知道叩头拜主的臣子，竟敢在大庭广众之下顶撞自己这个当皇帝的，可见自己在群臣心目中的威望很小，威信很低。以后如何服众？"

玄奘问："圣上打算怎么办呢？"唐王摇头不答。玄奘道："如果仿效历代许多君王上台后的做法，杀一批、贬一批权重之臣排除异己，虽可获得一时平安，但长期下去会造成君臣猜疑，互不信任，文臣不用心，武将不用命，难保自己地位的稳定。而且，历史上有很多朝代，皇帝走马灯似地更换，也不是可以效仿过去铁面君主的做法的形势。"唐王连连点头。

玄奘最后说："威信不是一天两天就可树立起来的，圣上必须在长期的国家管理中，用政绩说话，靠不停地施人以德，逐步树立自己的威信。"

有不少上司喜欢同自己的下属打成一片，这本来是好事，但是需要注意的是一定要把握好尺度，和下属保持适当的距离。因为人与人之间的距离越近，彼此对对方的要求也就越高，一旦要求高到一定程度，你就会达不到，而对方也同样会达不到。达不到，就会形成伤害，这时，你反而得不到属下的拥戴了。

那么，与属下之间的距离该怎么把握？这是无法度量、不好把握的。但是只要你注意好以下几个基本点，还是能够很好地处理好自己与下属之间的关系的：

内心里尊重下属，让员工感觉到自己在组织里很重要。

著名的马斯洛理论，把人类的需求分成生理需求、安全需求、社交需求、尊重需求和自我实现需求五类。中国人历来是"爱面子"的，每个人都希望受到尊重和关注，虽然每个人看重的关注是各异，但也都憎恶被忽视，特别是被自己的上司忽视。所以，成功的上司，都会采用自己独到的沟通方式，让下属感受到自己在组织中的重要，使其潜力得到更好的激发，让他们为组织作出更多的贡献。

工作上培养下属，帮助员工在工作中取得进步。

不同的下属对从事的工作有不同的渴望，有的渴望可以加薪，有的期盼升职，有的向往可以独立地去做事。作为上司，一定要帮助下属不断进步，为下属设定符合其价值导向的目标，然后鼓励他们去实现。当下属有了成绩，要及时给予表扬和鼓励，如果下属绩效没有达标也要给予其一定的辅导和培训。

内部管理处事公正。

作为一个上司，要在组织内形成处事公正的氛围，颇为不易，因为每个人对公正的理解是不同的。因此要想实现处事公正这个目标，首先就要实现一切公开、公平。而实现公开、公平、公正的手段，就是在部门内建立良好的规则和制度，下属在共同的透明规则下工作、竞争，最后工作考评结果和内部权益的分配都可以做到公开透明，如果能够做到这几点，就可以很大程度上增强下属的公正感。

　　从某一方面讲，领导者要搞好工作，应该与下属保持亲密关系，这样才可以获得下属的尊重。然而从另一方面讲，领导不能和员工太亲密，一定要和员工们保持适当的距离。如果你离他们过于遥远，你就会受到脱离、疏远员工的指责；如果离得太近，员工又视你为孩子式的老板，也许他们会对你失去尊重，从而失去了你的威严。保持一定的距离，给员工一个庄重的面孔，这样就可以获得他们的尊敬。同时与下属保持心理上的距离，也是一种避免在工作中丧失原则的可靠方法。

批评下属也要讲究技巧

　　对待下属要奖惩分明，下属表现出色时，要及时表扬，当他们犯了错误时，就要接受批评。但批评下属时也要注意维护他们的自尊和干劲，尽量避免引起对方的反弹情绪。不然不但没有达到批评的效果，反而会导致下属消极地去面对自己的工作。由此看来，批评下属也是一门艺术，作为上司一定要精通这门艺术，只有这样才能得到下属更多的理解和拥戴。

　　有赞扬就应该有批评。在领导的工作中，批评也是一种必要的强化手段，它与表扬是相辅相成的。不过，作为一个现代社会的领导者，批评的同时就应该尽量减少批评所产生的副作用，减少人们对批评的抵触情绪，从而保证批评效果能尽可能的理想。

"小安，你到我办公室来一趟！"销售部经理"啪"的一声挂了电话，让刚刚和同事还有说有笑的小安一下子心惊胆战，硬着头皮走进了经理办公室。

"你这个月的销售成绩怎么这么差啊？你看看人家小邓，刚来两个月业绩就飙到本月第一名。你以为我能让你拿这么多的薪水，我就不能让别人拿的比你更高？再这样下去，你这个销售冠军还能坐多久？"还没等小安开口，坐在老板椅上的经理就一顿连环珠炮般的轰炸，顺便把一叠厚厚的报表扔在小安面前。

"经理，我……我有我的解释。"小安本想趁这个机会就此事与经理正面沟通。

"你别说了，你回去好好反省吧。我再给你一个月的机会，要是下个月你的业绩还不能提升，那我就要扣你年终奖金了。好了，你先出去吧。"经理不耐烦地摆手示意欲言又止的小安出去。

满脸委屈的小安无奈地走出经理办公室，越回想经理那咄咄逼人的架势，心里就窝火得厉害。自己从公司创业到现在一直风雨无阻、任劳任怨地开发新客户、巩固老客户，拓展了公司近30%的现有市场。客户的投诉率一直保持在全公司最低，年年被评为优秀员工。这个月小安被经理分派到刚开发的新市场，客户数量不多，但与前期相比正以10%的速度扩充。再加上本月由于公司总部发货不及时，有很多客户临时取消订货单，销售额与成熟市场当然不能相比，而小邓是新员工，一开始被安排到原有的老市场，客户源稳定充分，客户关系网坚固牢靠，形势大好，自然丰收在即。小安心里觉得经理只看数字，不问事实，心里委屈也是理所当然的。

从经理和小安的这段对话来看，经理始终没有把握好作为一个上司的批评尺度，而是站在领导的角度，指手画脚，态度蛮横，不容下属解释就以纯粹的业绩量来形成上级对下属的评价。这种强硬的、不容辩驳的工作作风是一种独裁式管理，一味地以自我为中心，一味地树立个人权威，将直接影响到下属接下来的工作动力。这种生硬武断的统领作风，说明这个上司并不注重自身领导素质的开发和提高，也充分暴露了他管理中的诸多弊端，诸如考核指标不具体、考核不公平、人员流失率大、员工队伍不稳定、工作积极性不高，等等，再好的企业在这种管理机制的腐化下，也是注定要走下坡路的。

那么作为一个上司，当自己的下属出现问题的时候，究竟应该采取怎样的批评方式才能切实有效地纠正对方的错误，又不会影响到其今后积极的工作情绪呢？这真的是一门高深的艺术，需要我们长时间的研究和把握，下面就介绍几点注意事项，希望能对大家有所帮助：

批评时问清下属犯错原因

作为上司，可能你自认为已经很清楚地了解了整个事情的客观真相，但在批评时还是要认真地倾听下属对事件的解释。这样不仅有助于管理者了解下属是否已经认识到自己的错误，还有利于管理者进行深入一步的批评。有时候，下属还会告诉你一些自己可能并不清楚的真相。作为上司如果你没有办法证实这些问题，则应立即结束批评，然后再做进一步的调查了解。

避免不必要的人身攻击

从法律上说，我们每个人都是平等的，地位上没有高低贵贱之分。所以不要张口闭口"你怎么搞的?""你这么差劲怎么能"等等之类有伤下属自尊的话来打响批评的第一枪。工作的失误也许是他本人一时的疏忽大意,也有可能是受到不可抗拒的外力所致。在开展批评时,一定要本着对事不对人的态度,切记不要对下属进行人身攻击,也不可将其以往工作中出现的错误集中起来,一齐兴师讨伐。

考虑妥当的批评方式

批评的方式是多种多样的,这就需要你根据具体的当事人和事件进行选择。比如,性格内向的人对别人的评价会很敏感,所以应该采用以鼓励为主委婉的批评方式;对于生性固执或自我感觉良好的下属,可以直白地指明他们的错误,以起到有效的警示作用。对那些严重的错误,可以采取正式的、公开的批评方式;对于轻微的错误,则可以以私下的交流方式点到为止。

作为上司,我们不能单纯地认为批评的目的就是为了追究下属的责任,它的真正目的在于教育下属今后不要再犯同类的错误,并且尽力地去改善错误对目前工作形成影响的现状。错误是人们自身经验累积和职业成熟的必经过程,没有人不犯错误而取得卓越的成功。所以身为上司的我们不要忌讳自己下属所犯的种种错误,不要恼怒这些错误所带来的麻烦和困境,更不要把批评建立在毫无意义的责任担当上,这样只会一错再错。

同事变下属，新的职场关系该怎么处

突然一天，以前在一起打打闹闹的同级别同事，突然成为自己的下属。在庆幸升迁的同时，新上司也面临一些尴尬：原来的"阶级弟兄"有的因此落寞离开，有的渐渐疏远，有的不把你的话当回事，等等。这时候我们不禁要问："当无差别的亲密同级变为上下级，还能保持原来的友谊吗？"

升迁是件可喜可贺的事，然而升官之后怎样"踢开头三脚"就有点麻烦了。不要只顾着"烧火"，还要注意被人"烧"。

经过辛勤努力，再加上良好机遇，你领先了昔日的同事，扶摇直上成了一名新官，这时你的处境就有点尴尬了，怎样与旧时同事处好关系，就是你必须做好的一件事。

洋洋刚提升为一家公司的公关部经理。昔日里打打闹闹、开着过火玩笑的同事们，都夸洋洋脾气好，又有工作能力，在私下里一致赞同推举洋洋做他们的头儿。直到以前的上司调到总部，洋洋真的做了公关部经理以后，情况却发生了变化，同事们和她每天除了例行公事的问候以外，个个都对她敬而远之。原本很好的工作气氛，似乎也因为洋洋的升职而变得紧张和沉闷起来。当洋洋想走近某位同事的时候，他们却刻意和她保持距离。有时她想活跃一下气氛，讲个笑话什么的，也没有人捧场，一个人自说自话很没趣。洋

洋真的搞不懂，为什么会这样啊？

更惨的是郑爽。郑爽是几个月之前刚刚被提升为设计部主管的。可是在这几个月的时间里，虽然升了职，但郑爽比以前更辛苦更忙碌了，一天下来经常是腰酸背疼的，天天加班加点就更不用说了。设计部的其他同事非但不领情，还在背后说三道四："有本事啊，就把设计部的任务都拿去自己做啊？""既然是人家升职嘛，自然就看不上我们的工作能力啦！""独断专行，什么都是她一个人说了算！"得知这一切的郑爽，说什么都想不通，自己辛辛苦苦地工作，怎么会面临这样尴尬的局面呢？

大家本来是一对很要好的同事，平时经常一起进餐，彼此有说有笑，但是，有一天，上司突然宣布将你提升为这个部门的主管，你在惊喜交集之余，发觉昔日的好同事竟以敌视的眼光看着你。虽然你是他们的上司，你却不敢随便发号施令，而下属对你显然也并不尊敬，很显然大家对你身份的转变仍未适应，原本是平等的地位，你突然居于他们之上，可能是出于妒忌的心理，他们要对你这位新上司示威，所以对你的指示充耳不闻，最糟糕的是，他们不再把你当作朋友看待，将你从他们的小圈子开除了。面对这种复杂的人际关系，你无须太忧心，只要以正确的态度对待问题和人，一切困难就会迎刃而解。

假如你奉调新职，上任之初，或许你有许多新计划，但摆出新官上任的态度是不明智的，低调一点，以不变应万变，当有下属问你："这些工作如何进行？"你不妨先问他："你们过去是怎样进行的？"待他解释清楚，你才这样表示："我看问题不大，暂时仍按老办法做吧，过一段我们再研究研究。"这样既表示你尊重别人的做法，又不失自己的威严和独特见解。

无论是面对新同事还是旧搭档，你都要注意言行，保持谦虚。另外在上任之后，要尽可能与大家"打成一片"，让大家感觉到你是他们的同路人。

常言道，要"夹着尾巴做人"。其实做官也须如此，作为刚上任的"新官"，你应该明白"水能载舟也能覆舟"的道理，没有下属的支持，自己势必无所作为。所以，在上任之后，无论别人对你的态度如何，无论别人在背后怎么议论你，都要有"大度能容，容天下难容之事"的非凡度量，不要对任何人产生任何恶感，不必与下属斤斤计较，否则，你会失掉民心！你应该表现得主动一点，跟大家打招呼，一起吃午餐……让大家晓得你依然是从前态度友善的你，上司把你提升到一个较高的位置上不是你的错，久而久之，大家必然会接受你的新身份，愿意跟你好好合作。

一些成功把握从"同事"到"上级"角色转换的经理人认为，他们的成功关键在对自身环境的正确分析。"一定要看清你的优势，那就是你们一直在同一个团队工作。"他们说，从"同事"变成"上下级"，困难的是双方角色的转化不容易适应。但从另一个角度来说，这也完全可以成为你的优势：因为你一直都属于这个团队，所以你完全熟悉这个公司、这个部门的运作方式和习惯，了解这个团队各个成员的具体实力和相互关系。这是你大大超出"空降兵"的地方。

没有人天生就是管理者。要想成功地从一名普通员工变身为管理人员，就要用你的自信，用你的态度、知识和技巧带好自己的团队，让自己在尽可能短的时间里成为一个合格的主管。这是一个对自己的挑战，也是一个你在职场成长的过程，只要走好脚下的每一步路，就一定能够到达成功的顶点。

如何赢得下属的信任

"信任是相信而敢于托付"、"信任是一种理解和依赖"、"信任是一种莫名的好感"……然而，当信任不在，这些诠释就成了美好的墓志铭，只剩哀伤……在职场中，信任总是相互的。一个赢得下属信任的管理者，其本身也一定是信任下属的。但是很多管理者往往忽略了一个非常重要的方面，那就是：信任下属绝不能流于口头。

领导者与下属和睦相处，是为了取得他们的信赖。人们常说，一个领导者的难点并不是工作任务本身，而是如何与部下沟通。要了解下属，使用下属，首先要赢得下属的信赖。如果做不到这一点，那上下级之间友好相处的气氛，以及工作上配合默契就都无从谈起。

作为领导者，必须主动接近下级，并与他们和睦相处。这不仅是为了了解下级，也是为了取得他们的了解和信任。一个领导者在工作中的难处常常不在工作任务本身，而是如何做好人的工作，去了解人、使用人，同时让下级了解你、信任你。如果这个难处解决不好，领导者就难以使下级在工作中配合默契，也难以形成与下级友好相处的气氛。因为一旦下级与你在心理上保持距离，就会产生戒心，空气自然就要紧张，轻则对你敬而远之，重则产生反感或敌意。

作为上司首先要对下属采取善意的态度。对身边的人怀有善意的态度和良好的愿望，是作为一个好上司的基本修养，但有的上司官位意识太强，这就妨碍了他们以平等的态度与自己的下属友好相处。一个态度平易随和的上司绝不会丧失尊严，在各种类型的受尊重的上司中，都有着诸如和蔼可亲、平易近人的特质。以坦率真诚的态度对待下属，会使下属感到你是尊重他们的，还有助于大家对你的思想及工作作风逐渐地熟悉和了解，这是消除下属对上司心理距离的第一步。

同时，一个好上司还应该多关心下属，这不仅是工作方法的问题，还反映了自己的道德修养。经常了解一下大家的思想情绪、生活情况，以及工作中出现的问题想法，即便是无具体目的的闲聊，也可以使下属知道你想接近他们。在交谈中，你也可以谈谈自己的工作、生活情况，谈谈自己遇到的难题、收获和快乐。大家会在谈话中忘记你是他们的"上司"，而把你作为一个朋友来信任、相处，因为他们同样感到了你的信任。

由此看来，做上司真的很不容易，做一个好上司更不容易。我们必须掌握切实有效的方法，拿出自己真诚的心，去理解下属关心下属，做好他们的思想工作，只有这样才能赢得他们的信任和支持。说到这里，有很多人会问："那么我们应该怎么做呢?"除了上面的方法，我们还应该注意以下几点：

不要玩"失败者的游戏"

下属通常可以接受失败，但如果让他们参加一场注定绝无可能成功的"游戏"则会让他们很难容忍。当他们总是业绩很差，而这又都是由于上司反复修改规则以满足个人利益时，他们必定会严词拒绝。其拒绝的不同形式，仅在于是选择离职，还是选择心灵上的"放弃"。

因此，作为上司必须牢记两条规则：一，下属的错误就是上司的错误，一旦下属的错误被"外人"，也就是企业高层或非团队内部的人知道，就一定要出手支持和帮助他，而不是只顾着指责，否则你休想留住他的信任；二，自己的错误不要推给别人，一旦把自己的错误推到下属身上，必定会伤及双方的信任基础。

要礼貌地称呼下属

心理学家发现一个很有趣的现象，就是在人与人之间的交往和接触中，不直接用代词，而用礼貌用语称呼，虽然究其字义，看来同样都是泛指称呼一类的词语，然而，后者却真正捕捉到了疏通人与人之间情感的真谛。因为，相互之间经常用尊称或爱称称呼，会下意识地产生亲近的心理，如同三月和暖的阳光，一扫早春二月的寒意，会温馨暖和每一个人的心田。

心口如一，言行一致

很多人把信任看作是一种感情或情绪。事实上，感情不是稳定的，是无法依靠的，而信任的基础是可预期性与可依靠性。上司需要知道，在哪些方面他是与下属、同事立场一致的，这是他可以依靠的。这要求有让人信服的游戏规则，以及管理者说出的话让人信服。

当然，心口如一并不意味着你要把自己所想的全部说出来。但是，一旦你说了什么，就必须代表着你的真实意图。言行一致也并不意味着观点是不能改变的，但要把改变告诉相关人员，并说明改变的原因。

要宽宏大量

宽容、体谅是一个人高尚修养的表现，也是取得对方信赖的一个前提条件。如果下属因为一时冲动或由于对上司的不了解而在态度、言行上有所冒犯，千万不要把这件事挂在心上。主动表示对此予以谅解能有效地解除下属的心理压力和紧张情绪，他也会因你的宽厚而乐意向你靠拢，对你产生强烈的信赖感。

如果一个管理者能够成功地获得并保持员工对他的信任，他就取得了一项非常重要的成就，即建立了一个坚实的管理环境。而这种坚实的管理环境，可以使管理中的失误——这是不可避免的，不致造成严重的后果。努力去做一个人人信赖的好上司吧，用你的真心去感动身边的每一个下属，相信在未来的职场道路上，你一定会赢得更多的支持，更多的收获。

当下属之间发生冲突的时候

　　有人的地方就有矛盾，作为一个拥有很多属下的部门主管，每天要处理的诸多事情中，下属之间的矛盾是最难以避免的。而且当下属之间出现矛盾时，会缠绕得部门主管焦头烂额，一旦处理不好，还会把自己带进纠缠不清的矛盾旋涡中。那么，面对下属之间的矛盾，我们又该如何解决呢？

　　一个公司应当像一串珍珠，剪不断，理亦不乱。公司的经理就是系着珍珠的绳子，每个下属就是系着绳子的珍珠。公司的发展离不开"珍珠串"式的向心力，凝聚力。要想每颗珍珠都按着他自己的轨迹良性发展，"绳子"的作用至关重要。正所谓哪里有人，哪里就有矛盾的存在，作为一个领导多名属下的部门主管，每天要处理很多这样那样的问题，下属之间产生矛盾也是在所难免的，这时候如何处理好下属之间的矛盾，是每个主管都要正视的问题。

　　身为一个领导，可能最不愿看到的是下属之间闹矛盾了，都是你的左右手，伤害了谁都是你不愿看到的，况且小的矛盾如果处理不好、处理不公，不但会降低领导的威信，还会影响整个部门的工作效率，而且一旦事情反映到高层，那么你的领导能力也会受到严重的挑战。

　　在你处理下属之间的矛盾时，你要掌握的第一个原则就是冷静公正，不偏不倚，一碗水端平，不能借机打击报复。在你把你的心态调整到一个公平的角色上以后，你只要再掌握一些解决矛盾的技巧，你就可以完全有把握解决矛盾了。

晓以大义

这种方法主要用于为了维护局部利益的下属间所发生的冲突。现代社会化大生产的一个重要特点，就是分工严密。它同时也带来一个不可避免的缺陷，这就是使各个专业分工者之间缺乏相互了解。各部门为了维护自己的利益时，就容易发生冲突。当这种利益冲突发生之后，企业领导人应当让冲突的双方站到一个更高的角度，全面了解整个企业生产经营的宏伟过程，让他们同时也熟悉其他领域里的情况。

将心比心

在局部利益的冲突中，冲突双方所犯的错误多半是考虑自己，以自己为中心，而不能体谅对方。要想让他们互相了解、体谅对方的最好办法，莫过于让他们各自站在对方的立场上去考虑一下问题；调节冲突的企业领导人首先将生产部门经理叫来："如果你来当销售部门经理，你该怎么办？"然后他再问销售部门经理："如果让你来当生产部门经理，你有什么办法？"可以想象，当他们确确实实地站到对方的角度去替对方打算后，双方可能会立即握手言和，心平气和地协商一种积极性的解决冲突的方法。

同时，交换双方位置的方法是解决感情冲突的灵丹妙药。例如，某推销员去会计室取款，因嫌会计动作太慢而恶言伤人，会计一怒之下拒不付款，于是感情冲突影响到工作。解决办法是让双方都各让一步，推销员向会计取款，会计迅速付款，并检讨自己以公务相报复的错误。这样一来，双方将相互谅解，并很快意识到各自的错误。

创造轻松气氛

在发生冲突之后，冲突双方之间均抱有成见和敌意，所以在进行调节时，首先要缓和气氛，这时选择场合与时机都很重要。真正解决冲突、调解冲突未必一定要在会议上，有时在餐桌上、俱乐部、家里的客厅等地方效果反而会更好。前一种场合气氛比较严肃，冲突的双方都会处于紧张状态，处处带着防备心理，一被戳到痛处，就会立即剑拔弩张以至激化冲突。在气氛比较轻松的场合中，冲突的双方不带防备心理，比较容易倾听对方的意见和调节人的意见，也比较容易互相谅解。作为冲突的仲裁者，也不应板着像法官一样的面孔，用一种公事公办的口气说话，适当的幽默，在某些场合有利无弊。如果在餐桌、宴会上，不妨借用一下酒和烟的功能，酒和烟往往是缓和人际关系的媒介，有时一杯酒下肚，人与人之间的距离会立即拉近了许多，"一杯酒捧英雄"也是这个道理。有时候，一杯酒的威力可以顶住一支军队，使百万雄兵不战而退，更何况人与人之间的小小冲突呢？

注意给双方留台阶

在人们的冲突中，有一种情况是经常发生的：冲突的双方均已知道自己的错误（或有一方已意识到错误），但面子上拉不下来，只好死顶硬拼，互不让步。这时作为仲裁者的企业领导要注意给双方台阶下，以免造成僵局。

通常，下属们的争执看起来是在为一些鸡毛蒜皮的小事或孩子气的事情而闹矛盾。但作为上司你切不可对这种小矛盾等闲视之。这种事情可能涉及自我领域、自尊以及地位的争斗，这时候就没有哪一个是无足轻重的了。尽管口角会经常存在，但你要把握好解决的尺寸，要适度才行。只有这样才能有效地化解团队中的纷争，使团队在良性的轨道上继续前行。

解决矛盾的目的是为了更有利于团队的凝聚力和工作的顺畅，警告矛盾的制造者，也是为了让他们更专注于工作而不要拘泥于个人的得失，但团队中的人性格各异，所以，要采取个性化的沟通解决方式。对爱面子的下属，可以采取迂回婉转一些的语气，对较外向性格的下属，则不必委婉，直击其要害，做个灵活的具备"变色龙"特点的上司，但只是智慧，不是狡猾。

掌握与下属沟通的艺术

实际工作场景中，一个成功的领导者在与下属的沟通过程当中，大多懂得春风化雨，用温暖得体的语言去感召自己的下属，在"润物细无声"的感情里达到管理的目的。这种境界会进一步融洽领导者与被领导者之间的人际关系，为彼此共同的生活、工作创造出良好的人际环境，进而促成工作环境的良性运转。

管理者如果没有了然于胸的"与下属沟通的好办法"，是很危险的。可在现实管理中，能关注并重视与下属沟通的管理者并不多，一半是仗着管理权威还在，一半则是因为没有沟通的好思路。然而对管理者来说，与员工进行沟通是至关重要的。因为管理者要做出决策就必须从下属那里得到相关的信息，而信息只能通过与下属之间的沟通才能获得；同时，决策要得到实施，又要与员工进行沟通。再好的想法，再有创见的建议，再完善的计划，离开了与员工的沟通都是无法实现的空中楼阁。

作为一个管理者，你首先要明白自己与下属人格上是平等的，尊重你的下属，实际上所获得的是不断增进的威望。越是在下级面前摆架子，就越被下级看不起，尊重他们，你在他们心中就越显得伟大。如果与下属沟通得当，则会有意想不到的效果。由此可见，与下属沟通真的是一门艺术，你不但需要晓之以理，动之以情，还要拿出自己最真诚的态度去体谅他们，关心他们，只有这样才能得到他们更多的爱戴和尊重。

那么这时候你一定会问，究竟怎样做才能将这门艺术发挥得淋漓尽致，将这门学问紧紧地握在自己手中，是自己在与下属交流中能够少一些障碍，多一些亲和力呢？这真的需要你长时间的经验积累才能实现，但你至少要注意以下几个至关重要的地方：

记得经常和下属换位思考

俗话说得好，设身处地，将心比心，人同此心，心同此理。作为一个管理者，一个好上司，在处理许多问题时，要记得换位思考。比如在说服下属方面，之所以引起了对方的逆反情绪，并不是没把道理讲清楚，而是由于领导者不替对方着想。当与下属交谈的时候，你一定要了解你谈的内容究竟是不是对方所需要的，这一点真的至关重要。如果这时候你能换个位置，领导者放下架子，站在对方的角度上瞻前顾后，同时，又把对方放在领导的位子上陈说苦衷，那么效果一定会更加显著，因为你抓住了对方最关注的问题，这样沟通起来就会离成功更近一步。

让下属对沟通行为及时做出反馈。沟通的最大障碍在于下属对管理者的沟通意图产生某种误解。为了减少这种问题的发生，管理者可以让员工对管理者的意图作出有效的反馈。比如，当你向员工布置了一项新任务之后，你可以接着向员工询问："你明白了我的意思了吗？"同时要求员工把任务重新复述一遍。如果复述的内容与管理者的意图和想法相一致，说明沟通是很有效果的；如果员工对管理者的意图的领会出现了错误，也可以及时进行纠正。你也可以观察他们的眼睛和其他体态举动，从而真正了解他们是否正在接受你的信息。

善于激发员工讲实话的愿望

谈话是上司和下属的双边活动，所要交流的也是反映真实情况的信息。员工若没有沟通的愿望，谈话难免会陷入僵局。因此，领导首先应具有细腻的情感、分寸感，注意自己说话的态度、方式乃至语音、语调，从而有效地激发员工讲话的愿望，使谈话在感情交流的过程当中完成信息交流的任务。同时，上司一定要克服自己专制、蛮横的封建家长式作风，代之以坦率、诚恳、求实的态度，并且尽可能让员工在谈话过程当中了解到：自己所感兴趣的是真实情况，并不是奉承、文饰的话，消除对方的顾虑或各种迎合心理。

善于克制自己，善于利用谈话中的停顿

下属在反映情况时，常会忽然批评、抱怨起某些事情，而这在客观上又正是在指责做上司的自己。作为一个优秀的管理者，这时

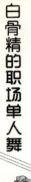

候一定要保持头脑冷静、清醒，不要因为一时激动，自己也滔滔不绝地讲起来，甚至还为自己开脱辩解。而如果下属在讲述中出现停顿，作为管理者也要善加利用。如果停顿是故意的，那是下属为探测一下上司对他讲话的反应和印象，这时候的你就有必要给予一些一般性的插话，以鼓励他进一步陈述自己的观点。如果是下属因为思维突然中断而引起的，领导最好采用"反向提问法"来接通原来的思路。其方法就是用提问的形式重复员工刚才讲的话语。

注意恰当地使用肢体语言

研究表明，在面对面的沟通当中，一半以上的信息不是通过词汇来传达的，而是通过肢体语言来传达的。要使沟通富有成效，管理者必须注意自己的肢体语言与自己所说的话的一致性。比如，你告诉下属你很想知道他们在执行任务中遇到了哪些困难，并乐意提供帮助，但同时你又在浏览别的东西。这便是一个"言行不一"的信号。员工会怀疑你是否真正地想帮助他。

在倾听他人的发言时，还应当注意通过非语言信号来表示你对对方的话的关注。比如，赞许性地点头，恰当的面部表情，积极的目光相配合；不要看表，翻阅文件，拿着笔乱画乱写。如果员工认为你对他的话很关注，他就乐意向你提供更多的信息；否则员工有可能把自己知道的信息也怠于向你汇报。

与下属沟通是一门学问更是一门艺术，通过沟通你可以知道自己的下属在想什么，做什么，可以更好地协调工作和与下属之间的

关系，有利于自己下一步计划的开展和实施。要想做一个好上司，你必须要学会如何与自己的下属进行交流，不管这种交流是简单，还是复杂的，都一定要做得尽善尽美。只有这样，你才能突破自己和下属之间的隔阂，成为他们心中最敬仰的好领导。

放权，让下属尽显才华

放权，必然意味着自己直接掌握的权力的减少，至少在开始时通常是这样。而且你会发现在某些场合，你由主角变成了配角，更糟的是主角竟然是你的部下！但是要想实现自己的放权式管理，你必须学会在适当的场合做你部下的配角，这是一条规律，也是你决定放权之前必须进行的一项心理训练。

忙碌，是每一位企业高层管理者工作状态的真实缩影。市场经济导致的激烈竞争是惨烈的，企业经营要稳步上升，业绩也要逐步提高。这都需要高层管理者投入自己巨大的时间和精力。在一个企业里，内、外部需要处理的事务可以说千头万绪，纷繁复杂，这让高层管理者疲于应付，超时工作已经成为他们的一种不正常的常态。这时候"放权"，就成了高层管理者的另一个高点击率的词汇。

许多主管常常不知道如何把责任下达给部门中的其他人。他们想把每项任务都安排给最合适的人选，感到其他员工都不如自己能干。他们对下属单独工作很不放心，一定要把工作一步步地向下属交代清楚，这实在不是个好习惯，相反最成功的管理方式应该是松开手让下属自己去做，给他们充分的权力，且让他们承担相应的责任，只有这样大家才能在职场生涯中不断进步，不断提高。

娅芝是一家IT公司里的部门经理，是周围人群中最能干的人，她事必躬亲，即使把工作交给别人去做，她也要亲自监督工作的进行。她包揽了部门里所有的决策，因为她不相信任何人的判断力。在下属眼中她是一个喜欢大包大揽的人。

娅芝每天工作时间很长，她手头的任务已超过了她可以应付的数量。由于下属总是要打断她请示各种小事，使得娅芝很难有一段完整的时间来完成工作，她案头堆积的未处理文件像山一样高。

过了一段时间，公司对娅芝部门的工作大失所望，因为部门里除了娅芝自己没有别人愿意承担责任。尽管娅芝工作非常卖力，但却未能得到高级管理层的赞赏，公司领导对娅芝的评价是：没有学会放权管理。

精明的上司总是把任务和责任分派给他人，而且从一开始就有心理准备，结果不会像他们亲自去做那样好。上司要做的事情只不过是检查工作结果，然后再告诉手下如何才能把事情做得更漂亮。这样一来，他们就帮助下属培养了能力、树立了信心，同时作为一种副产品，他们能够花费更多的时间在他们的主要职责即管理上。

对下属实行权力下放，现在已经演变成一种管理哲学，叫做赋权管理，这是企业管理层级结构日益扁平化的结果。在赋权管理中，管理者依然一如既往地参与重大决策问题，只是将相对不太重要的小任务交给其他的下属去做。这种赋权管理消除了对下属的约束，使他们工作起来更有动力，而且能将自己的工作干得尽可能更漂亮。

在现实生活中，作为上司，并非总是处在做出决定的最恰当的地位。当他们做出决定时，必须充分依靠下属提供的信息和建议。所以，更为切实的做法是，放权给下属，让下属自己做出某些决定，让他们承受一定的责任。

当然，作为上司，尊重下属的同时，也应划清界限，因为有些决定是无法做出的。比如，只允许他们做出一些在他们责任范围内的决定，而不能做出那些影响其他部门的决定。他们可以在公司的经费计划内决定如何最大限度地安排自己的工作、如何进行培训等，但他们无权决定公司的某些制度与办公设备应如何处置等问题。

老实说，放权给下属也是对下属的一种挑战。他们必须对自己的决定负责，而提供建议与做出决定两者是有区别的。有时，你也许只需向下属提供有关资料和信息，然后由他们做出最终的决定，如果你将此视为向下属提供的一种帮助，这是十分正确的。当下属碰到困难时，向他们提出建议和解决办法是可行的，是否会被他们接受又完全取决于他们自己。如果你的建议带有强制性，这一决定似乎就是你做出的了，只不过你巧妙地转移了自己的责任。因此，不要鼓励下属遇到事就找你，否则，你将背上过重的提出建议、做出决定的包袱，而成为一种过时的"万能"上司。当下属带着问题走到你身边时，不能一开口就做出决定，因为有时只有下属才能做出决定，尤其是那些在他们职责范围之内的决定。

作为一名成功的上司，你可以试着离开自己的下属一段时间，尽量给他们留一些自我发展的空间。这样当你回来时，你会吃惊地发现下属在你不在的时候取得了多么令人满意的成绩。离开下属是检验领导者是否成功的最好方式。如果你已经能够培养下属按照你所构想的方式去做，如果你让他们真正承担起自己的责任，如果你能将权力统统下放给他们，那么，当你离开的时候，所有的一切可以照样圆满成功地完成。

作为上司，你只需为下属指引方向，而且这一方向不应在三个星期或三个月内就做出改变。即使中间出现了一些问题，你的员工也应该像你一样妥善地去处理。当然，如果是一个十分重大的问题，那他们绝对不可能自行其是，必须报告于你。

的确，当你离开时，下属们在一开始也许有些不太适应，或许有些想念你。当你回到他们身边，他们会集中精神向你展示自己所实现的东西。因此，你的回归，又变成了他们表现自己及证明你的权威的机会。企业管理的一条定律是：你给下属的自由空间越大，他们做的事情就会越成功。所以每一个上司都应该学会对下属放手，当然，前提是你选择的下属必须具备充分的能力。

真正有效的放权绝对不是把工作交出去了事！它要求管理者首先从思想上准备好放权，要求管理者对被放权人有着充分的了解，要求管理者对放权的内容和要求做出清晰的界定，要求管理者在任务开展过程中检查监控工作的进展，要求管理者在每次完成放权后经过总结提升下属的理解，为以后更好地工作打下基础。

和谐音乐，群起而舞
——与同事共创双赢大舞台

同事关系是办公室人际关系中最重要、最微妙的一种，同事之间既存在竞争又有合作，有互补也有冲突，同事既可以是你的朋友也可以是你的敌人。办公室里如果有很多朋友你就会逢凶化吉，如果周围都是敌人你就会寸步难行，所以应当积极地与同事建立坦诚平等、互谅互让的和谐关系，和谐的同事关系会让你的工作和生活都变得更简单、更有效率。

办公室生存是一种艺术，更是一个展示你才华的舞台，在这其中每一位白骨精既要懂得创建自己的生存空间，又要与同事相处得游刃有余。这就需要你必须赢得大家对你的认同，温柔并不软弱，善良并不驯服，坚强并不冷酷的职业形象，自然才是你的最佳风范。

不远不近，刚刚好

与同事相处，太远了大家会认为你孤僻、不合群、不易交往；太近了容易让别人说闲话，而且也容易令上司误解，认定你是在搞小圈子。所以说，不即不离、不远不近的同事关系，才是最难得和最理想的。

社会在不断进步、经济在突飞猛进地发展，老婆孩子热炕头的时代已经一去不复返了；城市在膨胀，早出晚归、东奔西跑，老朋友要见个面比登天还难；蓦然回首，每天和你在一起时间最长的人是谁呢？不是你的亲人，也不是你的朋友，而是你的同事。是谁和你在办公室面对面、肩并肩？是谁和你在厕所喋喋不休、窃窃私语？是谁和你共赴饭局推杯换盏、酒酣耳热？是谁和你在洗浴城赤诚相见、劈波斩浪？是同事。同劳动、同吃喝、同娱乐，现如今同事在一起的内容之丰富，已经与当年不可同日而语，已经非"文化"一词不能容纳，故曰"新同事文化"。

同事关系好，本是好事。我们来自五湖四海，为了一个共同的目标走到一起来了，心往一处想、劲往一处使，团结互助当然是好的，但是切记同事之间拒绝亲密。同事就是同事，不是朋友，交朋友，除了志趣相投外，忠诚的品格是最重要的，一旦你选择了我，我选择了你，彼此信任、忠实于友谊是双方的责任。同事就不同了，一般来说，如果不是自己创的业，也不想砸自己的饭碗，那么，你是不可能选择同事的。所以，你不能对同事有过高的期望值，否则容易惹麻烦，容易被误解。适当的距离能让你跟他看起来最美。

人们都有这样的认识：好朋友最好不要在工作上合作。但如果某天公司来了一位新同事，他不是别人，正是你的好友，而且，他将会成为你的搭档，你会怎么办？

与他相处时你完全不必战战兢兢，只要记住公私分明的大前提就行了。在公司里，他是你的搭档，你俩必须忠诚合作才可以制造良好的工作效果。假如他是新人，许多地方是需要你提示的，这时你就得扮演老师的角色，当然切不能颐指气使，更不应倚老卖老引起他的反感。私底下，你俩十分了解对方，也很关心对方，但这些最好在下班后再表达吧。跟往常一样，你俩可以一起逛街、闲谈、打球，完全没有分别，只是闲暇时以少提公事为妙——难道你一天工作 8 小时还不够吗？

萧萧和王媛是多年的好朋友，又在同一单位工作，平时几乎形影不离，无话不说。最近萧萧升迁了，王媛也为之高兴，相邀同伴为她庆贺。

萧萧决心改变单位纪律涣散、劳动率低下的现状。可就在她宣布纪律的第三天，王媛和几个年轻的同事在上班时擅离工作岗位。虽然他们不到十分钟就回来了，但这种藐视纪律的行为使萧萧极为恼火，于是她严厉批评了这种违反纪律的行为，还点了王媛的名字，以示她"大义灭亲"。没想到，王媛当即同她顶撞起来，指责她为往上爬不惜用朋友垫脚，并宣布从此与她一刀两断。于是，两个人都陷入了苦恼之中。

第四章 和谐音乐，群起而舞
——与同事共创双赢大舞台

　　好同事并不等于好朋友，朋友圈是 8 小时之外的天地，而同事圈则是 8 小时之内的空间。好朋友之间的友谊多数是建立在共同的性格、经历、爱好、习惯等不可选择的"天然因素"之上。而好同事之间的友谊固然也不能排除这些因素，但双方之所以能"好起来"的原因则多数是由于共同的工作态度，在单位中共同的地位、处境，共同的工作经验，乃至对某些领导的共同不满，以及对某些同事的共同看法等临时性因素的作用。

　　因此，我们不要妄想自己的同事会成为自己最好的朋友，由于每个人所站的立场不同，个人利益的趋向也不同，对未来的发展和看法也有着自己最自私的一面。所以我们没有必要像要求自己朋友一样去要求自己的同事，相反我们应该适当地和同事保持一定的距离，不要过于疏远，也无须太过亲密，不远不近的感觉才是刚刚好的感觉。这样不但你们相处得会更加融洽，你自己的内心也会更加平衡，不管未来出现了什么样的事情，你都可以用一种冷静的态度去处理，而不会因为和同事的那份剪不断理还乱的情分，打乱了自己行为的方向和思路。

　　同时，我们还应该小心的是，不要和自己最亲密的同事议论对公司或者某人的不满。职场上，最可能出卖你的那个人，往往就是知晓你秘密最多的"密友"。要知道，很多时候，同事之间除了合作伙伴关系，还是潜在的竞争对手：当你们目标一致时，同事是你最亲密的战友；当你们利益发生冲突时，这种关系就变得摇摇欲坠。言多必失，在与同事保持安全距离的同时，务必管好自己的嘴。

有句话说得好："距离产生美。"尽管我们渴望在职场中找到自己的知音，尽管我们真的很希望其间能多几个朋友，协助自己成就心中的梦想，但我们还是应该谨慎行事。这个世界越来越复杂，每个人都有着自己的利益，为了这份利益并不是每个人都能将自己永远放在一个公平的位置上，从某种角度而言，这就是竞争。所以还是让我们相信职场的残酷吧，维持好自己8小时的友谊，不远不近，刚刚好。

办公室里的助人哲学

卢梭说："天底下只有一个办法可以影响别人，就是想到别人的需要，然后热情地帮助别人，满足他们的需要。"在日常的工作生活中，同事之间免不了互相帮忙，每个人肯定会遇到各种各样的困难，但应该记住：搬开别人脚下的绊脚石，有时恰恰是为自己铺路——帮助同事即是帮助自己。

在日常的工作和生活中，同事之间免不了互相帮帮忙。平常我们总说助人为乐，其实在办公室这个没有硝烟的战场上，我们同样可以既帮别人又帮自己。

查尔斯是纽约一家大银行的秘书，奉命写一篇有关吞并另一小

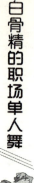

银行的可行性报告，但事关机密，他知道只有一个人可以帮助他拥有他非常需要的那些资料——那人曾在那家银行效力了十几年，不久前他们变成了同事。于是查尔斯找到了这位同事，请他帮忙。当他走进这位叫做威廉·华特尔的同事的办公室时，华特尔先生正在接电话，并且很为难地说："亲爱的，这些天实在没什么好邮票带给你了。"

"我在为我那12岁的儿子搜集邮票。"华特尔解释道。查尔斯说明了他的来意，开始提出问题。但也许是华特尔对他过去的组织感情颇深吧，很不愿意合作，因此说话含糊、概括、模棱两可。华特尔不想把心里的话说出来，无论怎样好言相劝都没有效果。这次见面的时间很短，没有达到实际目的。

起初查尔斯很是着急，不知该怎么办才好。情急之中突然想起华特尔为他儿子搜集邮票的事情，同时也想起了自己的一个喜欢搜集世界各地的邮票的朋友。

第二天一早，查尔斯带了一些以一顿法式大餐为代价换来的精美邮票，坐到了华特尔的办公桌前——华特尔满脸带着笑意，客气得很。"我的乔治将会喜欢这些，"华特尔不停地说，一面抚弄着那些邮票。"瞧这张，这是一张无价之宝。"

于是他们花了一个小时谈论邮票，并瞧了华特尔儿子的照片，然后华特尔又花了一个多小时把查尔斯想要知道的资料都说了出来——查尔斯甚至都没有提议他那么做，他就把他所知道的全都说了出来。而且还当即打电话给他以前的一些同事，把一些事实、数字、报告和信件中的相关内容全部告诉了查尔斯。"帮人最终帮自己"，这成了查尔斯后来一直信奉不疑的真理。

在我们的生活中和同事在一起的时间最长，为了谋求更好的发展，我们必须和同事建立起团结协作的战略关系，这时候相互帮忙就成为建立职场友谊的一个重要的方式。有些时候，帮同事一个小忙，虽然只不过是举手之劳，但获得的受益却是巨大的，我们不但会得到同事更多的支持，还会使自己拥有助人为乐的美名。从某种角度来说，帮助同事就是帮助自己。要知道，未来的职场生涯还很漫长，就算你再有能力，没有同事之间的配合也很难成功。相互帮助，成为了一条与同事互通友好的桥梁，当你在一些事情上遇到难题的时候，相信你的同事也不会因此而袖手旁观。

俗话讲，"十年修得同船渡"。在一家公司工作，同事之间自然是有不少缘分。当别的同事遇到困难时，大多数人不会无动于衷。可是，在帮助同事过程中需要学习不少技巧，否则会弄巧成拙。同事之间少不了互相帮帮忙，你对这种事情应该采取什么态度呢？应该有乐于帮忙的热心，但也要有分寸。只要是人，都会有善、恶之分，但是在办公室里交朋友却不可以如此任性，最好是一视同仁地与他们打交道。

同事之间要能同甘共苦。"今天如果不加班的话，工作是怎样也赶不完的！"假如有一位同事一边看表，一边叹气地说这些话时，你也许会说："唉！真是够辛苦啦！要不要我来帮你忙啊！"若能对他这么说的话，那位加班同事的内心该会多么感激啊！今天我帮你忙，明天也许变成你帮我忙了，这种情形在工作上也是经常发生的。但要注意的是，热心不能太过，你是同事，不是管家婆。

在单位帮助同事，一定要把握适当的"度"。助人者要在别人自身能力的基础上给予恰当的帮助，而不是让别人越来越依赖你的帮助。一些有经验的助人者会故意让对方犯一些错误，然后进行恰当地指导，这样，才能让对方在积累经验的基础上更快地成长。

小艾刚进公司不久，对财务部的工作很不熟悉，阿珍看在眼里，就主动提供了许多帮助，小艾完不成工作的时候，她还常常替她做，小艾心里非常感激。半年多过去了，小艾在业务上有了长足的进步，可是阿珍还经常在公开场合替小艾做这做那，这让小艾觉得很不自在。因为小艾希望别人能认可她的能力，但阿珍却让她在别人眼里始终是个需要帮助的对象，小艾当然心中不悦。

由此看来，帮助同事也要把握好自己的分寸，在工作中当我们想要帮助同事的时候，一定要征求对方的意愿，并遵照对方的意见帮忙，千万不要贸然行动。

最后还要提醒大家，切忌在私底下过多帮助自己的同事，因为私底下帮助同事，往往可能会脱离自己的工作范围。我们私底下帮忙的事情，只能偶尔为之，而且要让对方清楚你是卖他一个人情，但绝对不能养大他的胃口，该拒绝时，还要明白地说"不"，当对方知道你帮忙的分寸和底线后，自然就不会再三地试探了。

在帮助同事时，切忌带有交换利益的念头，所谓我帮你一寸，你得谢我一尺，否则就破坏了"规矩"。一旦对方没有自己期望的那种回应，不仅会失望，还会觉得对方忘恩负义，自己的心态就会失衡。互相帮助，首先要秉着自愿的原则，不要总想着今后有什么更大的回报，不管对方未来的表现如何，我们都应该心平气和地去面对，必定每个人的想法是不同的，同事是一个独立的个体，不可能永远和你的思想保持一致。

让自己成为一个受同事欢迎的人

办公室是很多朋友除了家以外最常待的地方，家里有妻子父母，办公室里则是一群同事。就跟夫妻关系搞不好容易导致离婚一样，同事关系搞不好最容易导致离职，在很多单位，一个能和几乎所有人合得来的人往往比一个业务能力很强的和谁都不说话的人更受大家欢迎。那么如何使自己成为一个在办公室受欢迎的人呢？

在我们的工作环境里，建立良好的人际关系，得到大家的尊重，无疑对自己的生存和发展有着极大的帮助，而且有一个愉快的工作氛围，可以使我们忘记工作的单调和疲倦，也使我们对生活能有一个美好的心态。遗憾的是，我们常常听到不少人对怎样处理好办公室里的人际关系感到棘手，抱怨甚多。其实，只要我们为人正直，用心并努力，做个受人喜爱的同事并不是很难的事。

那么究竟怎样做我们才能成为一个受同事欢迎的人呢？究竟我们采用怎样的方法和同事相处才能和他们相处得更加和谐呢？这是一门学问，更是一门艺术，只有掌握了其中的技巧才能在今后的职场生涯中步步为营，一顺百顺。

培养自己的亲和力

随着自己年龄和工龄的不断增长，我们的自我判断、社会认同感都会越来越受到工作的影响，而工作业绩干得好的人往往很容易养成自以为是的坏习惯。相信自己没有什么不对，但别人的意见也同样重要，所以有的时候我们一定要拿出自己虚心的态度，去听取别人的意见，只有这样才能在职场中受人尊敬，左右逢源。所以，当遇到问题、冲突、矛盾时，你尽量使自己能静下心来多听取同事甚至公司以外的人的意见，如果你的前任能给你些建议就更好了。这样做的效果，使你在同事中的形象就会变得很友善，大家都会认为你是一个很有亲和力的人。

与同事分享功劳

即使是你凭一己之力得来的成果，也千万不要独占，而是要让那些与你属于同一部门，曾经协助过你的同事一起来分享这份荣耀。你不用担心自己所扮演的角色会被人遗忘，因为你的所作所为上司会看得一清二楚。相对地，如果大大方方地和同事一起分享功劳，一方面可以做个顺水人情，另一方面上司也会认为你很懂得搞好人际关系，而给你一个更高的评价。

拥有良好的自控能力

我们不得不承认不是每个办公室都能碰见一群和睦相处的同事，在一些存在恶性竞争的工作环境中，难免会有一些人不幸沦为竞争中的牺牲品。在这种形势下如何找到自己的位置，使自己立于不败，就成了一件志在必得的事情。想要让自己在这种残酷的竞争中永立不倒，最重要的就是控制好自己的言行，充分表现出"不以物喜，不以己悲"的境界，一方面将自己的事情尽职尽责地完成，老板不是傻瓜，真正自己需要的人谁都不会视而不见；另一方面，对待他人的流言视而不见、充耳不闻，让流言飞语左耳进右耳出，埋头做好手头的工作，保持和大家的正常往来，长此以往，大家就都会知道你不是个喜欢是非的人，那么是非也会慢慢遗忘你，而老板也会越来越喜欢你。

让乐观和幽默使自己变得可爱

乐观和幽默可以消除彼此之间的敌意，营造一种亲近而温馨的人际关系，并且有助于你自己和他人相处得更轻松，缓解彼此因为工作而带来的劳累。工作有的时候是单调而乏味的，在乏味的工作中，适度地表现一下自己的乐观和幽默，你在大家眼里的形象就会变得更可爱，这不仅能帮你拉近同事之间的距离，还能给自己树立一个很容易接触和亲近的良好形象。

把握好与"贵人"交流的方式

人天生就是群居的动物，每个人都需要别人帮，如果和你有争执或冲突的对方是决定你未来的"贵人"，无论如何不要抱怨，也少用"讨厌"、"烦死了"等一系列带有负面影响的词语，而是多一些探讨和请教的口吻，如"我不确定自己是否处理得当，请问还有什么更好的方式吗？"做事需要有耐心，为人之道更需要有长久的耐心，能踏踏实实做好每一件小事，你就能成为大家的朋友。

乐于从老同事那里吸取经验

那些比你先来的同事，相对来说会比你积累了更多的经验，有机会时我们不妨聆听他们的见解，从他们的成败得失里寻找可以借鉴的地方，这样不仅可以帮助我们自己少走弯路，更会让他们感到我们对他们的尊重。尤其是那些资历比你老，但其他方面比你弱一些的同事，会有更多的感动，而那些能力强的同事，则会认为你善于进取，便会乐于关照并提携你。

大多数在职场平步青云的白骨精都有一个特质：拥有高超的人际技巧与丰沛的人脉，对他们来说，人脉不逊于专业技能。她们深谙：只要搞定周围的同事，无论工作，职位或者金钱，一切尽在掌握。也许你会想，同事那么多，每个人有不同的个性，要让每个人都满意太困难了；其实你不必讨好所有的人，只要你能拿出自己真诚的心和谦虚谨慎的态度，就一定可以在职场左右逢源，成为一个受大家欢迎的好同事。

多一份宽容理解，多一份和谐信任

宽容是蔚蓝的大海，纳百川而清澈明净；宽容是高阔的天空，怀天下而不记仇恨怨愤；宽容是灿烂的阳光，送你甘霖送你和风；一语宽容，雨露缤纷，一生宽容，心系乾坤。因为宽容，爱情能够幸福美满；因为宽容，同事能够团结协作；因为宽容，友谊能够天长地久；因为宽容，社会才能和谐美丽。

要团结同事，与同事和谐相处，信任是必不可少的，而宽容就是赢得信任的最佳方式。有时候职场就像一个大家庭，各个成员之间在生活经历、文化背景、兴趣爱好、脾气性格彼此之间都有着很大的差异。然而因为工作上的缘分我们每天至少三分之一的时间都生活在一起，其中难免会产生这样那样的冲突，这些矛盾很有可能是工作中的分歧，也可能会是交流中的误解。当问题发生的时候，我们不要只想着要争吵出个输赢，而是应该从维护大局出发，从维护团结出发，互相理解，互相帮助，这就是宽容的力量。

工作中，同事之间有了不同意见，应以商量的口气婉转地提出自己的看法，尽量避免使用生硬伤害他人自尊心的言辞。如果遇到不合作的同事，也要表现出你的宽容和修养。学会耐心倾听他们的意见，并对其合理成分表示赞同，这样不仅能使不合作者放弃自己顽固的"对抗状态"，还可以更好地开拓自己的思路，以此来促进下一步的交谈。

如果某同事曾经得罪过你，或者你曾得罪过某同事，虽说不上反目成仇，但心里确实不愉快。如果你觉得有必要，完全可以主动化解僵局，说不定你们会因此成为好朋友，至少关系不再是那么的僵持了，而且还可以有效地为自己减少了一个潜在的对手。这说起来很容易，但做起来却是相当难的，因为大多数人都无法拉下自己的脸去和别人谋求和谐！这时候我们应该树立一种观念，要允许别人犯错，也允许别人改正错误。不要因为某同事有过失，便看不起他，或一棍子打死，或从此另眼看待对方，"一过定终身"。

可可和刘真都是刚刚毕业的大学生，在一次招聘会上被同时招进了一家生产家具的公司，开始担任电子数控方面的技术人员。因为在毕业时间、学历、技术和技能方面，两个人都差不多，无形中就成了一对竞争对手，可可对刘真处处表现出敌意，甚至在背后说

她的坏话。但是刘真对这一切都假装不知道，见了面仍然热情客气地打招呼。

有一天临近下班的时候，因为偶然的失误，可可把一组急需要的数据弄丢了。这下可把她急坏了，因为主管已经交代过，第二天一早，就要用这个数据去开一个重要的会议。而这个数据非常难整理，就算一个人加班，明天也不一定能整理出来。这时候，刘真安慰她说："别着急，咱们一起再整理吧，明天早上一定不会耽误事情的。"

那天晚上，她们俩一直忙活到凌晨4点多，终于把数据整理出来了。看着刘真熬得满是血丝的眼睛，可可惭愧地说："对不起，以前都是我不好，不该……"刘真没让她说下去，拍拍她的肩膀说："都过去了，就别再提了。"因为这件事情，可可对刘真最初的敌视态度很快就转变成一种工作中的热情友谊了，她还对其他同事说："刘真宽容大度，是个值得信任的人。"

同事所犯的错误有时候会给你带来一定的损害，或是在一定程度上与你有关。在这种情况下，能否用一种宽容的态度对待对方的"过"，就是衡量一个人素质的标准。原谅别人是一种美德，尽管有的时候自己心里并不痛快，但却应该设身处地地为同事着想，考虑一下如果自己在他那个位置上会怎么做，做错了事后又会怎么想。其实只要你愿意为此付出努力，你的风度一定会赢得对方的尊敬，因为你已经为对方留足了面子。

宽容是一种理解、是一种博大、是一种包容，也是一种高尚的品格，更是一种上乘的人生境界。古人说得好"人非圣贤，孰能无过"。每个人在工作中都难免犯错，因此我们要拿出自己的包容之心，宽容同事的错误，允许他改正，而不要总想着以牙还牙，或是揪着对方的小辫子不放。一个缺乏宽容之心或者不注重这方面修养的人，在工作中就会人为地为自己制造很多矛盾，或者在矛盾出现之后针锋相对，火上浇油，造成更多更大的矛盾，这既不利于自己，更不利于今后工作的开展。

宽容是一种博大的胸怀，为一点小事斤斤计较，争吵不休的人，不但做不成大事，甚至最后还是伤害了自己。虽然有的时候，对别人宽容是要以付出痛苦为代价的，但是即便在这种时候，我们也要紧闭自己的嘴巴，把握自己的大脑，勇于接受这种"宽容的考验"。当你表现出自己的那种风度翩翩的宽容和大度时，好机会也就在远处向你招手了。

白骨精箴言

宽容一点，我们就能发现同事之间的优点，包容他们的缺点。"生活中不是缺少美，而是缺少发现美的眼睛。"在每个人身边都会有美的存在，我们要以宽容的心态去发现工作和生活中的美，只有善于发现美，我们才会有激情和活力，工作才会有动力。只有以宽容的心态去发现同事中的优点，工作才会有凝聚力。

初涉新单位，你该怎么办

　　时代变化了，我们开始意识到，一个工作一辈子的年代已经过去，很少有人能在一家公司永远地奉献自己一生的青春。为了更好地发展，为了心中更高的追求，我们开始采用连环跳的方式闯荡自己的职场江湖。这就意味着我们经常要适应新的环境，和新的同事友好相处。这就难坏了很多年轻的白骨精们，尽管对自己的能力很自信，但面对那个或长或短的"孤独期"我们又应该做些什么呢？

　　如果你是刚刚换到一个新的工作岗位上，开始一段时间难免会感到很别扭。你对很多事情都是既新鲜，又提防，总想尽快磨合，适应新环境，可是一些资深的同事却是对你爱答不理，甚至在一些事情上还故意和你过不去，使你无所适从，可又别无选择。毕竟他们是你的同事，不跟他们好好合作，今后工作简直难以进行。

　　面对这种情况，你最好自己多辛苦些，延长点工作时间，也不要想办法要求对方的帮忙，否则没准还会弄巧成拙，徒添烦恼。

　　另外，你还可以尝试着去了解对方，缓和矛盾，说不定会有意想不到的收获。同时，你还应扪心自问，无法与对方精诚合作的原因是否出在自己身上，自己是不是也应该负一点责任，应努力营造愉快融洽的气氛。

　　新人入职，都会经历一段人人必经、且刻骨铭心的心路历程，那就是心理学上常常提到的"新人孤独期"。"新人孤独期"的时间一般在 3 个月左右。适应快的人，一个月就搞定；适应慢的人，却需要更长的时间。但是，也有一些新人，在经历"新人孤独期"的时候，会受到来自心灵的强大阻碍和创伤，使自己的职业生涯就此搁浅。其中不乏一些才华横溢、技能超群的可塑之才。所谓优秀人才难留住，这也是其中的一个重要原因，由于他们太过敏感，没有在心理上做好全面的准备，所以导致了"新人孤独期"的滞延和变异。

大凡有经验的人都知道，在新单位开头的一段时间，对以后能否建立良好的人际关系，能否顺利地开展工作，有着重要的意义。在新单位的起始阶段，该如何表现呢？下面就列出几点最重要的注意事项，希望帮助刚刚跳到新单位的白骨精们，快速适应新环境，随时应对身边的机遇和挑战。

谦逊是金，不炫耀自己的过去

初涉新单位，总想让身边的同事尽快地了解和熟悉自己，并引起他们的注意。在这种心理的支配下，一些人经常会在不经意间谈论自己辉煌的过去。然而你知道吗，这种行为不但不会帮你拉近同事间的距离，反倒会让他们与你日渐疏远，就算你曾有过非凡的过去，说出来也是无心之谈，但这很有可能会引起同事对你的反感，认为你是在吹嘘、炫耀自己。刚到了一个新环境，你应该给新单位的同事留下一个沉稳谦逊的第一印象，在以后的交往中再逐步增进同事对你的了解。

做事不要太锋芒，言行还是悠着点

如果你很有才华，在某些方面有着自己的一技之长，请先不要急于露出锋芒，如果你只是以普通员工的身份而不是以领导身份进入新的单位，那就更要拿出自己小心谨慎的态度。一个人初涉新单位，就像一粒石子投入一潭平静的池水，已经很是引入注目，你的一举一动，一言一行，别人都会看在眼里。古人说得好："木秀于林，风必摧之。"锋芒太露势必会给你之后的职场之路带来阻碍和麻烦。总结一下，太过的表现主要有以下两种：一是动不动就提出自己的意见，发表议论，或出点子，想方设法要改变原有的运行机制，想更新原有的工作方法；二是对自己看不惯、别人却早已习惯的事情进行毫不掩饰的批评和指责，对别人的行为经常以否定的姿态出现。这两种，在别人看来，都是为了显示自己的高明。你高明，就意味着别人的无能，这就难免使你陷入别人的非议之中。因此，即使你确实比别人高明，确实有好的新的点子，也不要急于表现，可以慢慢地、待人际关系基本协调后，再提出不迟。

敬而远之，不频繁接触上司

上司是每个职员工作的领导者和考核者，掌握着支配我们利益获取和事业成败的"生杀大权"。因此，许多人都绞尽脑汁想着如何讨好自己的上司，但初来乍到的你切不可步入这个行列。频繁接触上司会引起同事之间的各种猜疑，如果你的上司是异性的话，则会被认为你与上司有某种特殊关系，弄不好会闹得飞短流长。

与人为善，别打小报告

同事交往中，免不了要发些牢骚，说些闲话，其间很有可能牵扯到某甲某乙的是是非非。此时，千万不要介入，更不要为讨好谁而将这些话传递给别人。最好的做法是借故走开，耳不听为净。有句话说得好："是非只因多开口"，说人闲话、打小报告历来被人所不齿。你是个新人，如果这时候沾惹上这样的是非，那今后的职场之路还会好走吗？

　　每个步入新工作岗位的人，都希望尽早地与陌生的同事融洽相处，团结互助。只要充分掌握以上几点，就能与新同事建立一种美好和谐的人际关系，这不仅有益于工作水平的提高，还会令人心情愉快舒畅。

　　初涉新单位，你需要多思考，少说话，用一个谨慎而真诚的心去换得身边人好感，更好地开展自己的工作。其实，只要你面对新同事注意自己的言行举止，给同事们留下谦逊、正直、热心、大方的第一印象，那么你就会在纷繁复杂的茫茫人海中如鱼得水，游刃有余。即使在今后的交往中有所谬误，也会获取同事们的谅解和关爱。

独木不成林，合作最重要

　　合作就是力量。如果仅让你用一支筷子吃饭，它几乎什么都夹不起来，而用一双筷子，结果就会截然相反。一棵树再茂盛，仅凭自己是无法跟森林同日而语的，想要让自己在职场的这片森林茂盛起来，就需要你拿出良好的合作精神。只有合作才能发挥个体不具有的力量，只有合作才能拥有大于个体的力量，认真地思考这个问题吧，它真的可以帮你提高办事效率，因为职场正确的算术答案是 $1+1>2$。

人与人的合作不是力气的简单相加，相反它要比我们想象得微妙和复杂得多。在人与人的合作中，假定每个人的能量都为1，那么10个人的能量可能比10大得多，也可能甚至比1还小。因为人与人的合作不是静止不动的，它更像方向各异的能量，互相推动时自然会事倍功半，相互抵触时则有可能一事无成。合作是一个问题，如何合作也是一个问题。

让我们先来看看这样一个寓言故事：

小猴和小鹿在河边散步，看到河对岸有一棵结满果实的桃树。小猴说："我先看到桃树的，桃子应该归我。"说着就要过河，但小猴个矮，走到河中间，被水冲到下游的礁石上去了。小鹿说："是我先看到的，应该归我。"说着就过河去了。小鹿到了桃树下，不会爬树，怎么也够不着桃子，只得回来了。这时身边的柳树对小鹿和小猴说："你们要改掉自私的坏毛病，团结起来才能吃到桃子。"于是，小鹿帮助小猴过了河，来到桃树下。小猴爬上桃树，摘了许多桃子，自己一半，分给小鹿一半。它俩吃得饱饱的，高高兴兴地回家了。

故事中的小猴与小鹿，就其个体而言，尽管都有着自己的专长，都想实现得到桃子的愿望，可是它们都没有认真地想一想，如果只靠自己"单枪匹马"是摘不到桃子的。然而，一旦他们组成了一个可以相互协作的团队后，就出现了取长补短的奇迹，轻而易举地得到了他们想要的东西。因此，为了实现一定的目标，首先应该从心理上端正自己的态度，认识到一个人的力量是有限的，只有承认了个人智能与体能的局限性，懂得与同事们进行合作的重要性，在与同事相处的时候才能够有效地以合作伙伴的巨大优势来弥补自己的缺陷、使自身的力量得到质的飞跃，才能使自己能够应付来自于各方面的各种挑战。

所谓同事合作指的是两个同事或者两个以上的同事为了一个共同的目标彼此团结起来，一起向这个目标努力冲刺。也许你会认为，合作和竞争是两件水火不相容的事情，可事实却不是那样，合作和竞争有着很多相似的地方。合作与竞争，是伴随着人类的出现而一同出现的。合作与竞争发展到了今天，不但没有被削弱，反而随着社会的不断进步，其力度正在增强。

有的时候工作就像是一台大机器，员工就好比每个零件，只有各个零件凝聚成一股力量，这台机器才能正常运行。那么，同事之间应如何相处，才能使公司这台大机器速度更快、效率更高呢？这就需要彼此之间保持团结有效的合作，为了一个共同的目标而努力奋斗，只有这样整个企业才能进入一个良性的发展氛围，才能发展得更加强大，员工才能从中得到利益，实现更高的自我价值。

有些人由于工作态度和处世方法正确，颇受公司肯定和同事的爱戴。凡是他所在的单位及群体，工作业绩总是会直线上升。这种同事，会感染其他工作同事，让整个组织或部门朝着正面的方向发展，给其他同事带来一个合作和谐的工作环境。

当公司顺利时，大家共同努力，取长补短，共同进步，共享成果；当公司不顺时，大家会互相鼓励，奋发图强，再创生机。作为优秀的老员工，这种人在平时没事的时候，总会主动地训练新手，培养团体实力；工作忙碌的时候，他也总是能影响同事，相互支援。他们的聪明之处就在于十分了解合作的重要性，并把这种重要性发挥到极致，使大家拧成一股绳，凝聚成一股力量，向着同一个目标勇敢迈进。

其实，与他人合作比单独工作有许多好处，首先，群体成员具有不同的背景和兴趣，这可以产生多样化的观点，实际上，与他人合作可以产生出任何个人只靠自己所无法具有的创造性的思想。此外，群体成员互相提供帮助和鼓励，每个人都能贡献出他或她独特的技能，团体的一致性和认同感激励着团体成员为实现共同的目标而努力奋斗，这是一种"团队精神"，它能使每个人最大限度地实现自己。俗语说得好，"人多力量大"、"众人拾柴火焰高"。一群人一起工作，如果全力以赴，组织有序，就能在有限的时间里取得引人注目的成就。

个人的力量是非常有限的，应该有诚心去和同事在一起合作，要懂得在工作中同事间的互补作用，学会用他人之长处来补自己的短处，本着在合作中互惠互利的心态，使双方在合作中得到彼此的支持与共进。

学会分享，别吃"独食"

不知什么时候，社会学会了双赢，也不知什么时候，我们学会了分享。随处都可看到联合与合作，因为有一个共同目标，资源进行分享了，双向沟通和对话了，最后双赢成了结果。他们知道也只有乐于分享，敢于分享，学会分享，才能达到双赢的结果。

没有人能够不需要任何帮助而生活。如果你在工作中只顾埋头苦干，不愿去和别人分享你的成绩或是快乐，忽视了人际关系的培养时，你所遇到的困难就会成倍地增加，你所感受的压力也会成倍增长。并且，你将肯定不再受欢迎。

独占好处是一种狭隘的心态，它会扭曲你的心理，造成心理贫穷，并最终毁灭自己。因此，我们应当学会分享，将自己认为最好的东西分享给身边的每一个朋友、每一位同事，只有这样才能获得内心的宁静，才能收获更多的帮助和快乐。

村里有两个要好的朋友，他们也是非常虔诚的教徒。有一年，决定一起到遥远的圣山朝圣，两人背上行囊，风尘仆仆地上路，誓言不达圣山朝拜，绝不返家。

两位教徒走啊走，走了两个多星期之后，遇见一位年长的圣者。圣者看到这两位如此虔诚的教徒千里迢迢要前往圣山朝圣，就十分感动地告诉他们："从这里距离圣山还有 7 天的路程，但是很遗憾，我在这十字路口就要和你们分手了，而在分手前，我要送给你们一个礼物！就是你们当中一个人先许愿，他的愿望一定会马上实现；而第二个人，就可以得到那愿望的两倍！"

听完了圣者的话，其中一个教徒心里想："这太棒了，我已经知道我想要许什么愿，但我绝不能先讲，因为如果我先许愿，我就吃亏了，他就可以有双倍的礼物！不行！"而另外一个教徒也自忖："我怎么可以先讲，让我的朋友获得加倍的礼物呢？"于是，两位教徒就开始客气起来，"你先讲吧！""你比较年长，你先许愿吧！""不，应该你先许愿！"两位教徒彼此推来推去，客套地推辞一番后，两人就开始不耐烦起来，气氛也变了："烦不烦啊？你先讲啊！""为什么我先讲？我才不要呢！"

两人推到最后，其中一人生气了，大声说道："喂，你真是个不识相、不知好歹的家伙啊，你再不许愿的话，我就把你掐死！"

另外那个人一听，他的朋友居然变脸了，竟然来恐吓自己！于是想，你这么无情无义，我也不必对你太有情有义！我没办法得到的东西，你也休想得到！于是，这个教徒干脆把心一横，狠心地说道："好，我先许愿！我希望……我的一只眼睛……瞎掉！"

很快地，这位教徒的一只眼睛瞎掉了，而与他同行的好朋友，两只眼睛也立刻都瞎掉了！

狭隘的心理不但让两个好朋友闹翻脸，甚至还让人通过伤害自己的方式来毁灭他人。如果一个人养成了狭隘自私的心态，那么他会变得多可怕呀！所以我们必须学会和他人分享。

在职场生涯中，当你获得荣誉去感谢同事、与同事分享，这好比让同事吃下了一颗"定心丸"。如果你未向同事分享你的荣耀，你必然会受到大家的反对，他们甚至会成为你通往成功之路的障碍。常言说："种瓜得瓜，种豆得豆。"如果种下的是妒忌和怨恨，那就绝对难以收获幸福和快乐。学会与同事分享胜利和荣耀，实际上就是在为自己以后的发展而投资。

杨楠被老板叫到办公室去了，他领导的团队又为公司的项目开发作出了杰出贡献。送茶进去的秘书出来后告诉大家，老板正在拼命地夸杨楠，她从来没见过老板那样夸一个人。研发小组的几个人脸沉了下来："凭什么呀！那并不是他一个人的功劳！""对呀！为了这个项目，我们连续加了 17 天的班！"正在这时，老板和杨楠来到了大厅。"伙计们，干得好！"老板把赞赏的目光投向几个组员，"林部长向我夸赞了你们所付出的努力！听说有两个还带病加班是吗？真诚地谢谢你们！这个月你们可以拿到 3 倍的奖金！"老板话音刚落，几个同事就冲过去拥住杨楠一起欢呼起来，并表示以后会跟着杨部长，为公司继续努力工作！

懂得分享的人，才能拥有一切；自私狭隘的人，终将被人抛弃。

分享不仅是一种修养，更是一种共同走向成功的方式。我们改变了过去那种你死我活的博弈做法，而选择寻找双赢的思路来看待自己的同事和对手。无论是在生活中还是工作中，只要我们学会了分享，我们成功的概率就会多一成胜算，因为在这个多变的世界，单独的成功已经成为过去，共同的成功才是未来。

当你把经验和技术分享给他人的时候，你的心胸就会感觉宽阔了许多，当你将自己的痛苦说给朋友的时候，你的痛苦就减掉一半，当你的喜悦与他人分享的时候，快乐就复制成了两份，所以学会分享吧！无论是经验还是快乐，只要你学会了分享，最后总能让你得到更多的收获。当我们取得进步或阶段性的成功时，及时给予帮助过我们的朋友和同事积极的感恩与回馈，与他们一起分享工作的成果，与他们一起总结和提高，把成功带给我们的喜悦，化成分享后的动力，以激励自己继续进步，寻求更大的成功。

白骨精箴言

同事或许不羡慕你获得了多少利润，而是羡慕那种取得成绩的感觉，你应当主动在口头上感谢同事的帮助与合作。你主动与他们分享，会让同事有受到尊重的感觉，如果你的荣耀事实上是依靠同事协力完成，那你更不应该忘记这一点。你可以采取多种方式与其他同事分享，让大家都感受到你成功的喜悦，这样，其他同事就不会对你心生不满了。

化解矛盾，别把同事当冤家

同在一家公司谋生，同事之间低头不见抬头见，产生矛盾和摩擦就在所难免。中国有句老话："冤家宜解不宜结"。在办公室里最好还是不要与同事结怨。敌意是一点一点增加的，但也可以一点一点地削减的。只要你掌握技巧化解矛盾就是如此的简单。

同事与你在一个单位中工作，几乎日日见面，彼此之间免不了会有各种各样鸡毛蒜皮的事情发生，各人的性格、脾气禀性、优点和缺点也暴露得比较明显，尤其每个人行为上的缺点和性格上的弱点暴露得多了，会引出各种各样的瓜葛、冲突。这种瓜葛和冲突有些是表面的，有些是背地里的，有些是公开的，有些是隐蔽的，种种的不愉快交织在一起，便会引发各种矛盾。这一连串的矛盾成为了各种各样的导火索，原本可以相安无事的两个人，在工作中彼此较劲斗争，非要拼个你死我活。其实只要我们静下心来想一想就会发现，我们很多争斗的事情都是毫无意义的，只为了逞一时之快，而把自己的同事变成了敌人，真是一件不值当的事情。

常言说得好："冤家宜解不宜结。"生活中的冤家可以敬而远之，可职场中要是有了冤家却只能硬着头皮天天见面了。那种痛苦想起来就能让人头疼得要命，我们整天有着无数的担心，担心自己被对方算计，担心自己的某一句话会成为对方的把柄，哪还有心情安下心来工作。闹了半天，不但敌人有了，自己的工作也变得一团糟，上司眉毛一横，你也许顾不上反思自己的错误，心里还在想着，对方会不会在一边饶有兴致地看笑话呢？

要想不被这些烦心事绊住双脚，你首先就要学会主动与同事化干戈为玉帛。也许一开始，你会觉得面子上过不去，但是只要你愿意去做，就会发现其实这也没有什么了不起，简单的几句话，就能让自己少一个敌人多一个朋友，而且还能让别人觉得你是一个不爱计较宽宏大量的人，这样一举两得的事情为什么不去做呢？

看到这里，有些人会说："哪儿有那么简单，职场中的矛盾复杂着呢！"的确，职场的矛盾真的是五花八门，但是只要你懂得一些解决的技巧，还是能够使他们得到很好的化解的。下面就列出几点，希望能对大家有所参考：

及时与上司和同事沟通

有些人因为误会、忌妒或是自大会对你产生敌意，在工作上不与你配合、在背后散布你谣言。等你知道的时候，很可能已经在单位里传播开了，此时你若当面对质要对方给你一个说法并非明智之举。一是对方可能一口否认，将自己推个干净。二是面子上闹僵会影响到以后工作的开展。所以最好的办法是及时与上司和同事进行沟通，选合适时间和场合，把自己的情况和想法讲一讲，让谣言不攻自破。同时，你还要时刻提醒自己不要用攻击性的语言也最好不要针对某人，达到澄清事实的目的就行了，而不要用报复心理，否则会使身边的倾听者误会你是宣泄自己的情绪，反而达不到你想要的目的。

勇于承认自己的不对之处

不要认为承认错误是一件没面子的事情，以为这样别人会看不起自己。其实，真正有能力的人总是会勇于承认自己做的不好不对的地方。即使你的同事表达看法的方式没能让你高兴得跳起来，但对对方提出的正确的看法，你也应该表示乐于接受。但这并不意味着每当有过分好斗的同事向你发起攻击时，你都要举手投降。因此，你首先要考虑的是，对方所说的话中包含的信息，而不是说话的人。而且你应该力求客观地对待你得到的意见，即使这种意见不是用一种特别客观的方式表达出来的。而且，这里面还有个小秘密：承认你错了，常常能够带来让对方闭嘴的好处。这是一种制造惊人沉默的经典良方。

不要理会带有威胁性的问题

有时，我们会听到对方带有威胁性的问题，"你以为你是谁？"

"你上大学的时候都干什么去了？""难道你不知道什么叫做应急计划吗？"这些问题以及它们那些数不胜数的变种，根本就不是在询问什么信息，它们只是为了让你失去本来平稳的心态。这时候不要带着感情色彩去回答它们，而是应该冷静下来，默不做答，对这些问题不加理会，或者索性假装它们压根儿就没从你同事的嘴里说出来过，你只管回到你的主题上来：你感受到了什么？你计划做什么？以及你希望怎样做？这样，你就可以不给你的同事向你破口大骂的机会，就有可能减少对方对这一类威胁性问题的依赖。

找个"中间"人来终止与对方的恶意

如果可能的话，不妨以向你透露信息或是双方都能接受的人为"中间人"，通过他们代为传话，使你和同事之间的恶意得以化解或是中止，这可以达到两个目的，一是把自己的想法和事实告知对方，起到澄清事实真相、消除彼此之间的误会、得到进一步沟通了解的作用；二是让对方知道，你已经了解到对方的所作所为，并以此提出自己的警示，暗示对方要有所收敛。

总而言之，还是那句话，冤家宜解不宜结。没有人故意跟谁过不去，所以，只要我们主动表示友善，露出诚恳之态，别的同事也一定不会对我们拒之千里。

白骨精箴言

这个世界没有永远的敌人，也没有永恒的仇恨。要想在职场中立于不败之地，盲目地去和自己有过节儿矛盾的同事硬碰硬实在不是什么好的策略，弄得两败俱伤不说，还会让其他同事觉得你是一个不够宽容的人。人们常说："多一个朋友，多一条路。"但多一个仇人，也同样会给自己多一重障碍。为了今后更好地发展，还是主动地化解矛盾吧，这时候你会发现原来对方有很多的优点，并不像自己想象得那么讨厌。

第五章

舞场竞技，适者生存
——面对竞争，告诉自己："我是强者"

职场是一个没有硝烟的战场，为了生存，我们不得不选择竞争，适者生存、优胜劣汰，为了让自己永远保持在这场战斗中立于不败之地，我们不断地提高着自己，提防着别人，考虑着对手的下一张牌是什么。由于思虑过多，我们经常会夜不能寐，担心自己会不会在这个竞争的舞台上过早地退场。

不用想了，这个世界上没有竞争就没有进步，想在这个竞争激烈的时代，做出自己最完美的表现，你必须先摆正自己的心态，我们没有必要为自己的明天而忧虑，因为明天太阳依旧会升起，记得给自己的每一天挂上一个笑脸，告诉自己"我是个强者"。

如果你是新手，该如何应对职场竞争

刚刚走出象牙塔，找到了一份说得过去的工作，却必须从最基本的菜鸟做起。面对职场上的竞争你一知半解，但也绝不是无畏无惧。工作的压力，办公室里的争斗，让你的整个情绪充满压抑，不知道自己脚下的路该怎么走，如何绕过那些纷扰的雷区和陷阱。不要想太多，适者生存是这个世界永恒不变的规律，只有去适应这个环境，想办法去应对职场的竞争，你才能占据领先优势，在职场激烈的竞争中处于不败之地。

秋蕊刚毕业就进了一家中美合资公司做销售人员。刚开始，公司是根据自身的经营状况按一定比例来发放工资，这对于经验匮乏的秋蕊来说，这是再合适不过了。秋蕊是一个勤奋好学的人，下了决心要好好干上一番。由于虚心好问，前辈们也都乐意向秋蕊传授经验，加上自身的努力，客户猛增，业务逐渐进入了佳境。秋蕊的事业渐渐地步入正轨，而且当听到同学诉说着"社会和校园的巨大反差，同事都明争暗斗"时，秋蕊为身边有着热情的同事以及和善的老板而感到很庆幸。

可是好景不长，除了和秋蕊一样新来的几名员工在努力奋斗着，其他员工似乎根本就无心工作。出去联系业务实际上就是三人一群、两人一伙地逛商场；去趟洗手间也能晃个半小时，吸口烟，聊聊天。秋蕊虽然没说什么，可是心里却有些不舒服，感觉自己的劳动成果被这些"懒人"瓜分了一样，越来越不满意"大锅饭"现象。

随着公司经营效益的下降，上层意识到：当初想创造一个相对宽松的环境，以此给员工一种人文的关怀而加强自我激励的意识，现在看来根本行不通，把员工想得过于"完美"了。于是，以后的工资开始和绩效挂钩，而且基本工资也压得很低，差不多每个员工都得拼命才能通过提成超过以前的薪水。

从此以后，公司内的"闲人"也都积极投入到工作中，忙着跑业务、谈客户，根本就不在乎是在上班时间还是自己的私人时间。因为公司规定，如果连续三个月业绩都为公司垫底的话，就要将其列入辞退的名单中，当然如果连续半年都为前三甲，就会被提升，薪水也因此而大大翻番。

虽然秋蕊比刚来时进步很多，但比起已经工作了好几年的同事来说，客户基础简直就是微不足道的。而且她明显感到公司的氛围有了明显的变化，同事之间的交流也少了。请教问题时也不像以前那样能得到真诚的帮助，老板也板起了脸，每天都感觉心情很是压抑，不敢看每月的排行榜，但为了每月进入 TOP3 而苦苦奔波着。秋蕊慢慢觉得自己有些经受不住了，头脑中不时窜出跳槽的想法。

十年寒窗，历尽千辛万苦，最终还是要走入社会，踏上职场之路。而我们的职业生涯又何止十年的时间呢。在职场打拼的日子充满艰辛，何况，市场竞争是如此的激烈，外部的压力逐步转变成了员工之间内部的竞争。

那么，如何在这场激烈的竞争中，给自己留有一席之地呢？这

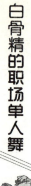

时候如何"化压力为动力"则成为我们最关注的问题。有压力是好的,有了压力才会发现自己的优势和劣势,才能更好地提高自己的工作效率,从而激发自己潜伏在内心的潜能。适度的压力是可以对人起到一定的激励作用的,但有的时候我们也应该适当放慢脚步,因为如果长时间处于激烈的竞争中,就会加大自己的心理负担,工作的时候反而不敢大施拳脚,影响了效果。

竞争是激烈的,不管新手还是老手,都必须在职场道路上不断地努力,不断地打拼才能找到属于自己的位子。那么作为一个职场新人,我们应该做些什么才能更好地提升自己的竞争力,怎样做才能顶住职场竞争激烈的浪潮,拥有自己的一席之地呢?下面就为大家提出几点建议,希望能够对正在迷茫的你有所帮助:

拥有欣赏对手的气度

当对手取得了成功,你应该真诚地祝福他们,真心地为他们喝彩,同时在失败中进行反思以求东山再起。常言道"天外有天,人外有人",只看到自身的优点是远远不够的,我们必须学会用欣赏的眼光去看待别人,从而找出自己的不足,尽力赶超自己的对手。

保持心理上的健康稳定

在竞争中保持心理稳定,避免情绪大起大落是很有必要的。社会是充满竞争的,有竞争,就会有强弱之分,既然是适者生存,优胜劣汰,那么弱者就必须承受得住因为失败所带来的打击。一次失败算不了什么,因为它并不表示你会永远失败;在这方面的竞争中失败了,并不说明你就从此事事不如人。所以你一定要克服自己的自卑心理,选好努力的方向,绝不能因为一次小小的失败而从此开

124

始自暴自弃。

告诉自己："人人都有成功的机会"

在人的一生中无时无刻都在经历着竞争，竞争促进了社会的前进，所以每个人都应以乐观向上积极进取的态度投入竞争。在竞争之中保持良好的合作，成功之后也不要忘记提携幼弱，切不可为争一日之长短而做出有失道德品质的事情。职场竞争与职场做人并不冲突，良好的品格修养只会让竞争向更有利于你的那一面发展。

年复一年，日复一日，我们就在昨天、今天、明天中转换着。随着时、分、秒那滴滴答答的伴奏声，从一个幼稚的小孩，到懵懂的少年，年轻气盛的青年人，再到饱经风霜也颇有成就的中年人，最终度过安逸的晚年。在人这一生中，无时无刻都要面对着竞争，有竞争就会有压力。勇敢地面对这种压力吧，它会让你更加成熟，更加自信。当你在职场中找到了属于自己的位子，当你终于在竞争中得到了属于自己的成功，你的心态就会变得越来越平和，每当别人问起为什么时，你总会微笑地说："因为懂得，所以释然……"

面对竞争，先摆正你的心态

企业在市场上的竞争表面上看是品牌、产品、价格、服务的竞争，实质上却是企业所有员工的品质和心态的竞争；职场上的竞争表面上看是能力、职位、业绩、关系的竞争，实质上却是员工职业心态和人生态度的竞争。

未来学家弗里德曼在《世界是平的》一书中预言："21世纪的核心竞争力是态度。"他的这番言论告诉我们，积极的心态已经成为当今世纪比黄金还要珍贵的最稀缺的资源，它是个人决胜于未来最为根本的心理资本，是纵横职场最核心的竞争力。

人的一生中充满了竞争，竞争促进了社会的前进，所以每个人都应以乐观向上的态度投入竞争。竞争之中保持良好的合作，成功之后不忘提携幼弱，切不可为争一时之长短而做出有失品德的事情。职场上的竞争与做人是不矛盾的，良好的品格修养只会让竞争更有利于人的全面发展。

下面让我们来看看这样一个关于竞争的寓言故事：

一名凶恶的农妇死了，她生前没有做过一件善事，她被扔进了火海里。守护她的天使心想："我得想出她的一件善行，好去对上帝说话。"天使想啊想，终于回忆起来，就对上帝说："她曾在菜园里拔过一根葱，施舍给一个女乞丐。"上帝说："你就拿那根葱到火海边去拉她吧。如果能把她从火海里拉上来，就拉她到天堂上去；如果葱断了，那女人就只好留在火海里，仍像现在一样。"

天使跑到农妇那里，把一根葱伸给她，对她说："喂，女人，抓住了，我拉你上来。"天使开始小心地拉她，差一点儿就拉上来了。火海里别的恶鬼也想上来，女人用脚踢他们，说："人家在拉我，不是拉你们。那是我的葱，不是你们的。"她刚说完这句话，葱就断了，女人再度落进火海，天使只好哭泣着走开。

农妇后来才知道，这根葱其实是可以拉许多人的，上帝想借此再度考验一下她，但农妇没有经受住这种考验。

还有一则竞争的故事，是关于石油大王哈默的：

有一年世界原油价格大涨，哈默的对手对东欧国家的石油输出量都略有增加，唯独哈默的石油输出量明显减少，这让许多人非常不解。记者找到哈默采访他时，哈默说了这么一段感人的话："关照别人就是关照自己。那些总想在竞争中出人头地的人如果知道，关照别人需要的只是一点点的理解和大度，却能赢来意想不到的收获，那他一定会后悔不迭。关照是一种最有力量的竞争方式，也是一条最好的路。"

一种竞争就好比是打开的一扇门，不同的门里有着他们完全不同的品位。最下等的竞争是像那位农妇一样，为了自己的利益可以说是不择手段，置别人于死地也在所不惜；中等的竞争是不采用什么卑劣的手段，但也不会主动帮助别人，互不干涉，互不影响，你走你的阳关道，我走我的独木桥；上等的竞争是像哈默那样追求双赢的美好局面，把一种高尚的处世哲学用竞争的形式传达给对方，使自己的竞争对手能和自己像朋友一样走向共同发展的道路。

竞争虽然残酷，但它也是一件好事，正因为有了竞争，我们的内心才会充满希望和成就，这是一种非常健康的心理状态。但是，有的时候竞争也容易让我们在长期的紧张生活中产生焦虑，出现心理上的失衡，出现自己情绪紊乱、身心疲劳等问题，那么，在充满竞争的现代社会里，如何才能扬长避短，保持心理健康呢？

首先，应该对竞争有一个正确认识。我们知道，有竞争，就会有成功者和失败者。但是，关键是正确对待失败，要有不甘落后的进取精神。

其次，对自己要有一个客观的恰如其分的评估，缩小自己理想和现实的差距。在制定目标时，既不要好高骛远，又不可妄自菲薄，要将自己的长远目标和眼前目标有机地进行统一和整理，脚踏实地一步一个脚印去做、去努力，只有这样才能在最终将心中的"理想我"变为现实。

最后，在竞争中要学会审时度势，扬长避短。作为一个人而言，他的需求、兴趣和才能是多方面的，如果在实战中注意不断挖掘，就很容易营造"柳暗花明又一村"的新局面。这样不但成功机会增加了，还能为自己打下进一步发展和取胜的好基础。当然，成功了固然值得庆祝，但是失败了也没有必要悲观，如果能从中悟出一番道理，或者在竞争中学到更多的知识，增长了自己的才干，那么这种失败也是一笔不小的收获，或许就在明天它将成为你成功的一个新起点。

有竞争的地方就有压力的存在，有竞争的地方就存在着成功和失败。当你迈进了职场这个充满竞争的大舞台，决定在这里尽显自己才华的时候，请记得先摆正自己的心态。不管是成功还是失败，请让微笑挂在自己的脸上，让希望绽放在自己的心里。当你将友好的双手伸向你的对手，当你用平和的心态去面对竞争，你就会发现你所收获的不仅仅只有胜利的喜悦，除此之外得到更多的是一种人生的释然。

遇到职场"小人"，你该怎么办

什么样的人才是我们常说的"小人"呢？就是那种品行差，气量小，为了自己的利益不择手段的人。他们动辄溜须拍马、挑拨离间、造谣生事、结仇记恨、落井下石。

日前做了一个调查：如果遇上抢功小人你该怎么办？数据显示，有24.78%的人选择了默默忍受型，与之得票率相近的是"直接向老板澄清事实"选项，共有23.78%的比率。看来这两类方法，是目前职场人在遇到小人时的主要应对方式。有14.06%的受访者认为应该对小人的抢功行为进行反击，所谓魔高一尺，道高一丈，对小人绝不能姑息养奸；更有13.66%的人认为对付小人必须联络身边的其他人，只有发挥群体的力量，才能让小人没有生存的余地；当然也有比较中庸的做法，12.14%的人认为惹不起躲得起，干脆换个环境，不与小人计较；仅有0.92%的人表示可能会迫于压力与小人为伍。

现代人汲汲于事业，生命的重心几乎都转移到了自己的事业上。因此，职场上最怕碰到的莫过"小人"，无论是邀功卸责，或是找麻烦扯后腿，小人就像杂草一样，无所不在，很难根除。

或许你也曾碰到讨人厌的"小人"，甚至曾经有败于小人黯然离职的经验。也许，这就是人与人之间天生无缘，或磁场不合的实例，有时候明明自己工作认真、待人和善，但免不了遇上有人与你针锋相对；与其生气，不如争气，换个角度去思考，每个人都有自己的好恶，你也会有不合味口的饮食，或者看不顺眼的人，只是那些"小人"不如我们有好修为，所以任意表态，找人麻烦。

面对小人，每个人有他们各自的应对模式，但有一点是肯定的，"小人"永远是让人生厌的，即便表面上你还和他保持着相对比较和谐的关系，但心里一定是很不舒服的，更有甚者，总是敢怒不敢言，心里有恨却像茶壶里煮饺子说不出来也倒不出去。难道就让这种状态继续下去，难道只能让他们在自己的面前为所欲为？当然不是，只要你掌握应对小人的好方法，就可以轻松解决职场"小人"给你带来的困惑，在竞争中占据自己的领先优势。下面就介绍几种方法，希望能对大家有所参考：

瞅准时机，适当还击

刚到一个新的工作环境，最常碰到的"小人"就是仗着自己的工作资历去欺负新人的老鸟。这类小人凡事都挑最简单最轻松的去做，虽然出力最少，但到邀功的时候却一点都不含糊，有的时候为了显示自己的资深地位，还会对你做出一些排挤的动作，把欺负新人当成是一种乐趣。如果这样的"小人"令你很为难，除了忍气吞声以外，你还应该适时地加以反击。你尽管比对方晚进入这个环境，但这也不代表你在能力与经历上没有优势，不了解你的过去就贸然挑衅，是对方过于天真的表现，因此，你可以一笑置之，当然瞅准时机给他点颜色看看也未尝不可。

沉默是金，冷漠以待

"沉默是金"的态度，通常适用对付喜欢嚼舌头的小人。无论在茶水间还是在上班时间的 QQ 上，总是有那么一群喜欢在人背后搬弄是非的小人，终日以制造、传播谣言为乐。对待这种人，最好的解决方式就是敬而远之，冷漠以待，在他们编造出来的流言面前保持沉默。因为"清者自清、浊者自浊"，你响应得越少，他们可运用的素材也就越少，如果真的听不下去，就提醒他们一下，法律上可是有"诽谤罪"专治那些信口开河之人的。

保持自信，与"小人"划清界限

有一种小人特别喜欢打压别人，并以此来凸显自己的优势，不管你说什么，他们都会一口否决，不管什么事情无论懂不懂他都要提出一连串自己的见解，并以此来嘲笑你的看法。这样强大的虚荣心其实来自他们深沉的自卑，因为自己不够自信，所以喜欢打击别人的信心，拖着别人和他一起卷入消极的负面思考中，这样的"小人"着实是一个团队成长的绊脚石，如果不幸与这样的人共事，千万要记得与他们划清界限，只要看透对方的傲慢其实只不过是源于他们深沉的不安，你就会明白他们的否决不是客观的，所以一定要坚定自己的信心，以别的渠道提出自己的建议。

你必须正视"小人"不过像是鞋子里的小沙石，倒掉就算了，你不能忘记重点是你还走在迈向成功的漫漫长路。你真正的对手，应该是有竞争力的同事，或者掌控你升职进退大权的上司，或者你可以以自己为挑战对象，务必追求更完美的表现。把眼光放长远一点吧！总有一天，你会发现其实"小人"的存在还真颇具一些娱乐性，你可以把他当成繁忙职场生涯中的一种调剂，无须过于在意和计较，因为和"小人"计较太多，只能会使你自己自贬身价。

小心，别丢了你的竞争优势

对一个人来说，生命中最重要的活动就是工作，无论你在这世界上选择什么样的工作，都应该在不断竞争中找到自己的优势所在，千万不要因为一时的挫败而对自己丧失了信心，将自己的竞争优势丢弃在一旁，否则总有一天你会后悔莫及。

兔子是历届小动物运动会的短跑冠军，可是不会游泳。一次兔子被狼追到河边，差点被抓住。动物管理局为了小动物的全面发展，将小兔子送进游泳培训班，同班的还有小狗、小龟和小松鼠等。小狗、小龟学会游泳，又多了一种本领，心里很高兴：小兔子和小松鼠花了好长时间都没学会，很苦恼。培训班教练野鸭说："我两条腿都能游，你们四条腿还不能游？成功的90%来自于汗水。加油！呷呷！"

评论家青蛙大发感慨："兔子擅长的是奔跑！为什么只是针对弱点训练而不发展特长呢？"思想家仙鹤说："生存需要的本领不止一种呀！兔子学不了游泳就学打洞，松鼠学不了游泳就学爬树嘛。"

看完这则寓言，不用多说你就能明白，无论在职场，还是在考场，每个人都应该发挥自己的优势，用自己的优势来工作，同时，也没有必要为自己的不足而过于苦恼。俗话说得好："人比人气死人。"如果永远用自己的弱点去和别人的优点作比较，不但做不好事情，还会让自己丧失自信，忘记了自己还有很多优势的存在。

在这个瞬息万变的时代，科技发展一日千里，市场经济千变万化，知识更新频率越来越快，对人才的需求也在不断地改变着。由于知识折旧加快，搞得多年的技术人才，因为知识不更新而不再是个人才，多年的经验会因为新技术的出现而变得不知所措，觉得自己在工作中的优势已经越来越弱，看不到自身价值的实现，而随着年龄不断地增长，个人优势也因此而转瞬即逝，从此上升机会不复存在。这时候发现对自己的前途充满了茫然和困惑，不知道将来到底应该何去何从？于是，慌不择路，不管前面是亮还是火，就都认为是光明，急奔而去，结果轻易丢掉自己仅有的竞争优势，险些失去了原先的一席之地，误入职场歧途。

小王1996年毕业于南方的一所电校，之后被分配到一家国电公司的一个发电企业工作至2003年做发电技术员，发现自己根本没什么前途，不打算再从事这个行业，随后辞职，决定下海做点什么。自己开过美容院，承接过火电厂部分项目的安装建设，然后又做销售，没做几天就不做了，当时的心态不好，觉得自己年龄比别人大，专业也不对口。

去年他确定了目标，想转行做人力资源，学习了一些人力资源知识，一直都在积累。但只是很感兴趣，不专业、不具体、不系统。也去管理咨询公司打过工，另外刚刚参加人力资源管理师 2 级的考试，可是感到自己还是没有竞争力。

毕业十年，走过的路是如此的曲折，他的定位已经发生了严重的错位和紊乱。本来一个不错的专业，发挥好了，能成为人才，结果就这样轻易丢掉了专业优势，再想捡已经是很难的事情了。

这真的很可惜，在职场的路上，很多人都是这样，总觉得自己的职业没有前景，结果在不知不觉中遗弃了自己的优势，越工作越没有自己的方向，不知道自己应该干什么，能干什么。最终前途越来越彷徨，思路也开始迷茫起来，不知道接下来的路应该怎么走，自己应该何去何从。

在飞速变化的职场生涯中，很多人即使已身为高级主管的高端人才，也会有一种莫名的危机感，所以，充电是职场人的必须选择。理性的职场人，都会为自己的职业发展做切实可行的规划，而充电计划是职业规划中不可缺少的重要组成部分。在职场选择中站在十字路口徘徊的人，更应该通过及时充电，找到适合自己的职业、岗位，走出职场的困惑期。

如果你已经很清晰地认识到了自己的优势，就要为自己树立好明确的职业发展目标。我们都知道，职业是人生的一件大事，需要好好规划。所谓职业规划就是首先对自己的内在因素进行测评，来衡量一个人最真实的内心世界，进而找到他内心的潜质。测评不是目的，而是一种手段，目的是找到自己内在、外在的优势，然后将他凝聚成自己的核心竞争力，找到当前最佳职位切入点和未来各阶段发展平台。

　　不管什么时候，都要提醒自己，千万不要轻易将自己的职场优势抛到一边。人在职场，就是要把自己内在和外在的优势全部集中起来。要想在职场竞争中打拼是艰苦的，它经常会让我们感到自己优势的缺欠。如果这时候再将自己的优势轻易丢掉，那还能谈得上拼搏和竞争了吗？最终的结果可想而知，只能会被对方打垮、在竞争中走向被淘汰的边缘。每丢掉一次优势，就相当于把优势存折抹掉一笔巨额存款，丢得多了，钱包被掏空了，不但没有了优势，反而还会出现能力赤字，优势慢慢变成劣势，根本谈不上为自己的职业发展争取到更好的机会。

　　竞争是惨烈的，要想不被淘汰，我们必须在这个斗争的舞台上彰显出自己的优势，如果这时候你已经把优势丢了，那跟士兵把枪丢了是一样的道理，后果也就可想而知了。所以，当走进职场的时候，还是让我们对自己进行一个系统的分析吧，牢牢地把优势抓在手里，没有了它我们的生存之路将会变得寸步难行。

　　时代在不断地进步，每个人的一生都必须要经历各种各样的竞争，当我们成年了，迈进了职场这个神秘的大舞台，想让自己不过

早地退场，你必须把握好自己手里的那几张优势的王牌。所以千万不要把自己的优势丢在一边，因为这样的行为，跟慢性自杀没有什么区别。

面对竞争，打造自己的品牌

美国著名家电公司惠尔浦执行总裁惠特克说："如果我们拥有客户忠诚的品牌，那么这就是其他竞争厂家无法复制的一个优势。""商海沉浮，适者生存"，打造个人品牌也是职场竞争的取胜之道。竞争不可怕，裁员也不可怕，可怕的是自己没有精湛的专业技能，没有形成独具特色的工作风格，没有具备别人不可代替的价值。如果你想在越来越激烈的职场竞争中取胜，你就应该从现在开始，把自己当作一个品牌去经营。

所谓个人品牌，主要体现的是一个人在别人心目中的价值、能力和作用，它影响着别人对你的看法，就像企业品牌、产品品牌一样要经历知名度、信誉度和忠诚度的考验，它是你的公众标志，也是你的信誉所在。而打造个人品牌，就是将你自己的能力、个性以及独特品质融为一体，并最大限度地发挥自己的影响，把别人对你的看法变成实现自己价值的机会。因为个人品牌是一种差异化，让你可以从芸芸众生中迅速脱颖而出；个人品牌也代表着个人能力、信誉、才干，可以为个人带来更多的发展机遇。

品牌是与"身价"紧密联系在一起的，个人品牌知名度越高，给企业带来的利益就会越大，同时自己个人的身价自然也就不菲。唐山市百货大楼家电销售部名牌服务员王志鹏创下了个人月销售额超百万元的纪录，石家庄市北国商城名牌售货员陈凯，在袜子销售的小天地里做出了大文章，创造出个人年销售额 30 万元的纪录。著名篮球运动员姚明，由于自己的精湛球技而被选入 NBA2003 年全明星首发阵容，姚明的出现为火箭队带来了空前的商机和人气。火箭队在姚明身上获得了巨大利益。姚明在 NBA 的生涯中，个人实际收入将达到 1.8 亿美元，相当于 6 万工人一年的工业增加值，若用于投资，可创造 5 万多个就业机会，而围绕姚明的产业开发，将会超过 11 亿美元。职场竞争中，个人的工作方法、工作技巧都可以被竞争对手复制，但是，个人品牌是无法复制的，它是优秀人才的关键性标志。

个人品牌建立，主要体现在两方面，一方面是个人业务技能上的高质量；另一方面是个人人品质量的高保证，也就是说，既要有才更要有德。一个人，仅仅工作能力强，而道德水平不高，是建立不了个人品牌的。那么，在职场中如何建立个人品牌呢？

第一，建立个人品牌的关键在于自己个人能力的提高，过硬的工作技能是打造个人品牌的核心内容。所以我们要不断充实自己的专业知识，提高自己的专业技能，使自己成为本专业里的行家。

第二，想成功，先要把人做对。记得管理大师彼得德鲁克曾经说过："一个人的诚实和正直不会导致成功，但没有诚实和正直却足以败事。"21 世纪最本质的竞争是人格上的竞争，一个人的人格是否健全直接关系到这个人的福祉，也关系他未来的成败。有句名言这样说："想成功先成人。"一个人只有在人格上得到健全，才能

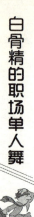

在通往成功的道路上越走越远。

第三，要保持不断学习的精神和态度。这里讲的并不是漫无目标的跟风盲目地学习，要建立个人品牌，你就需要学习那些对自己职业有用的知识。紧跟事物的发展变化，能未雨绸缪、早做准备。

第四，学会对自己进行包装和展示。商品需要精美的包装才能吸引更多的顾客，作为一个人也同样需要一定的包装来展现个人品牌的特性。在不同的场合，穿恰当的服装，说合适的话，做该做的事，都是一种对自我的包装，这些包装会将你想展示的个人品牌信息准确地传达给对方。

第五，企业创造品牌的标准方法是展现自己的"特色利益"模式，企业总是在思考它所提供的产品或服务有什么样的特色，能为客户或是顾客带来什么样特殊利益。这套方法同样可以运用在树立自己的个人品牌上。你的特色是什么？你能为别人带来什么？这个定位一定要想清楚。

"海阔凭鱼跃，天高任鸟飞"，描绘的就是当今社会这个人才自由发挥的时代。建立个人品牌对于自我价值的实现是非常重要的，其成功的概率也远远要比那些缺少个人品牌的人才大得多。当然，个人品牌不是自封的，也不是天上掉下来的，而是一个人才在他的职业生涯中慢慢培养和积累起来的。建立个人品牌，就说明你的做事态度和工作能力是有保障的，也一定会为企业创造较大的价值，企业使用这样的人也会信任和放心。

在工作变换频繁的年代，你不可能永远属于一家公司、一个职位，你也不是只能负责某种功能。从现在开始，你是一个品牌，你需要将自己当一个品牌经营。也许你无法做到让全天下人都知道你，但至少你能在一定区域内得到认可、认同，或长期的认同。这不是一句话就能做到的事情，现在就开始努力吧。

遇到了强劲的竞争对手，你该做些什么

在办公室波涛暗涌的微型世界，充斥着的竞争使你无处逃避，那一张张曾经面带笑容的脸庞，在竞争中也会变得有几分生硬的尴尬。这让我们不禁开始有些恐惧，当自己遇到强劲的竞争对手时，究竟该做些什么？是前进还是后退，是面对还是逃避，此时此刻眼前出现了无数个选择和问号，到底应该何去何从呢？

你是一位资深老员工，经验丰富，能力也很强，或许还很可能是下一任主管的候选人。可是突然某一天，办公室来了一张新面孔。她可能是公司重金挖来的同行高手，也可能是聪明伶俐、勤奋肯干的后起之秀……总之，她的到来为办公室带来了新气象，也让你明里暗里感到了扑面而来的巨大压力，这时候你究竟应该做什么来扭转自己的不利局面呢？

两个月前，人事经理带着一位俊秀、干练的女子走进办公室，介绍说这是新同事，是公司为了拓展南方市场从其他公司挖来的市场推广"高手"。

"我叫美妍，请各位多多关照。""高手"笑容可掬地跟大家打招呼。

高手？有多高？李爽也像其他同事一样对"高手"美妍好奇并观望着。李爽还靠自己的老关系从人事部门了解了美妍的背景资料：名牌大学毕业，原公司驻华南总部的资深职员，有丰富的行业经验和客户资源。

就这些吗？也没有什么突出之处啊，李爽想。可是接下来发生的事情却让李爽对美妍不得不刮目相看了。

第一次策划会上，主管让美妍先发言。美妍摊开策划书，不慌不忙地宣读，条理清晰，思路新颖，关键之处还做了详尽周到的说明，令在场的所有人都如沐春风。待她发言结束，主管抑制不住兴奋的心情总结道："新人来了就是不一样，给我们带来了新的思路和更广阔的信息来源，好，好。"

美妍的出色不仅表现在工作上，在最近一次公司 PARTY 上，她那近乎专业水平的美妙歌喉赢得了全场掌声，让她大大出了一回风头。

如果仅仅是这些，李爽倒也没放在心上，新人嘛，总会带来一些新气象，可是上周发生的一件事情，就让李爽感到了压力。

为争取到泛英公司这个大客户，李爽已经跟踪了 3 个月，可总是差那么一点不能达到目的。为此主管把李爽单独叫到办公室，说有一个新的项目要让她做，至于泛英公司的项目嘛——"就移交给美妍吧，让她锻炼锻炼。"

主管说得很诚恳，李爽也知道，有时换一个人换一种思维可能会加速项目进度。但多少有点赌博的味道，谁也不敢保证什么。何况美妍是新人，她能行吗？

但事情完全出乎意料，一个月后，美妍微笑着把合同书放到了主管的办公桌上。

主管在全部门同事的面前对美妍大大表扬了一番。所有人都欢欣鼓舞，李爽也不例外，可是李爽的满脸笑意中却透着一点尴尬，别人看不出来，但是她自己知道——美妍用一个月时间就完成了她3个月都未搞定的事情，能不让人窝火吗？李爽明显感到一股来自美妍的压力正向她滚滚涌来。

看了这个例子，你一定也为故事中的李爽捏了一把冷汗，本来可以踏踏实实地成为一名职场的骨干，可偏偏半路杀出一个程咬金一样的对手，换了谁，心里也会有些不自在。那么，下一步我们应该做些什么呢？当强劲的竞争对手出现的时候我们又应该怎样应对呢？下面就总结一些方法，希望对白骨精们有所帮助：

向别人展现自己最优秀的一面

如果你没有强大的后台作为自己的硬件，要想在竞争中取得胜利就只有依靠自身的软件了，比如，你是否具备良好的沟通能力？有没有团队精神？外交能力是否出色？是否拥有自己的可靠的人脉关系网。当然，你所拥有的这些软件一定要是对手所没有的，这样才能真正体现出你的优势。然后你需要在适当的途径将这一切展示出来。不要再遵循"好酒不怕巷子深"的陈规旧俗，这招在职场竞争中是行不通的，等着别人发现你，往往会使自己与机遇失之交臂，与其苦苦等待，不如现在就学会让别人发现你，向对方展示出自己最优秀的一面。

切记不要与对手发生正面冲突

很多时候在职场的竞争中，我们会把对手看做是自己不共戴天的死敌，为了成为那个令人羡慕的佼佼者，你也许会不择手段地排挤对手；或是拉帮结派，或私下在上司面前历数对手的不是，甚至设下一个又一个计策使对方"马失前蹄"，但可悲的是，处心积虑的人有时并不能成为最终的赢家，收获的往往只是一腔沮丧和悔恨。

所以不论在什么情况下你都要记住：与自己的竞争对手发生正面冲突是一种最蠢的做法，这不但让别人认为你是一个小肚鸡肠的人，还会引起上司对你的负面评价。因此，选准时机采取以退为进的战术，才不失为取胜的一种策略。

宽容敌手，相信自己

部门里突然新来了一个可能对自己构成威胁的同事，这的确是件很令人伤脑筋的事情。然而，能否正确处理这种事情却是一个人人格高下的分水岭。一个心胸狭窄的人，在这种情况下可能会将自己的忌妒心理发挥得淋漓尽致，无论在言语上还是在行动上都会给对方制造很多障碍。但这样做的结果却是很不妙的：既得罪了自己同事，弄不好还会使领导对你产生看法。

正确的做法应该是，从容大度，相信自己。所谓从容大度，就是指对待这样的事情时一定要保持冷静，千万不能因为多了一个强劲的对手就自乱阵脚；所谓相信自己，就是要相信自己的能力，或许对方比自己学历高，但自己毕竟比他更熟悉公司的业务，更何况路遥知马力，说不定他现在的表现只不过是三分钟的热度。当然，为了保住现在的位置，你最好还应该认真地研究一下自己的对手，找出与对方之间的差距，然后迎头赶上。即使这一切都没有成功地保住你现在的地位，也不要做败坏对方的事情。古语有云："蔽贤者祸及己身，伤贤者殃及三代。"虽然事情没有那么严重，但真的值得我们去思考。

在竞争中最后取胜的最好办法就是在平时提高自己的竞争意识。要知道竞争是无处不在的，所以潜在的对手很多，这也是为什么许多白骨精们时常感到疲倦的原因。但是，如果你能做到工作精益求精、人际关系和谐，在人群中脱颖而出的你根本不必去同别人竞争什么了。

在职场竞争中，开创共赢新局面

当玫瑰与花刺相遇，就从此各自告别了俗艳与尖刻，成就了傲视群芳的铿锵之花；当你与我在职场中相遇，就应该像玫瑰花一样告别彼此的猜忌和对功名的执著，成就双赢的和谐篇章，垒起更高的人生峰塔。尽管我们都知道竞争的残酷，尽管我们都希望在职场的舞台上展露自己主角的风采，但当音乐响起，我们携手向前的时候，那份快乐和感动比世界上的任何东西都要珍贵，都要刻骨铭心。

狮子和狼同时发现了一只小鹿，于是它们商量好共同去追捕那只小鹿。它们配合得很默契，当小鹿从对面过来时野狼一下就将小鹿扑倒，狮子便上前把小鹿咬死。可是这时狮子起了贪念，不想和野狼分享这只小鹿，于是想把野狼也咬死。经过一番厮杀，野狼最终被狮子咬死了，但狮子同样也受了重伤，无法悠然地享受身边的美味。

看了这则寓言故事，你也许会想如果狮子不起贪念，和野狼共享那只小鹿，那不就皆大欢喜了吗？可是狮子却没有这么做，这就是所谓的"你死我活"、"你活我死"的单赢。

大自然中的竞争就是弱肉强食，动物们往往不会考虑日后的长久利益，这也是为了生存的需要。但人类社会和动物世界有着天壤之别，因为人类社会远比动物世界要复杂得多，个人与个人之间，个人与团体之间的依存关系是紧密相连的，除了竞赛之外，任何"你死我活"或"你活我死"的游戏对自己都是一种伤害。我们可以想想战争的惨烈，哪个战争不是伤人又伤己，有时甚至是自取灭亡。由此看来，单赢并不是人类社会的生存之道，"你活我也活"的双赢才是最好的生存之道。

有人总认为双赢双利是有人与自己平分秋色，感觉上没有单赢赢得彻底，其实不然。竞争的目的，并不是一定要拼个你死我活，而是为了让自己得到更好地发展。你有你的目标，对手有对手的目标，你们竞争的最终目的仅仅是为了实现各自的目标而已，而不是置对方于死地以显示自己的强大。其实有的时候，你需要做的只不过是比自己的对手优秀那么一点点而已，这一点点就可以让你成为整个行业的领军人物。

时代让竞争成为一个沉重的话题。市场上此起彼伏的广告战、价格战、渠道战、口水战乃至肉搏战经久不息，职场中尔虞我诈、明争暗斗、恶语中伤乃至拳脚相加的打拼仍在继续。难道作为万物之灵的人类不可以用双赢的智慧削去竞争的锋芒，微笑竞争，携手同行吗？

蒙牛总裁牛根生深谙竞争与合作的道理。在早期蒙牛创业时，当有记者问：蒙牛的广告牌上有"创内蒙古乳业第二品牌"的字样，这当然是一种精心策划的广告艺术。那么请问，您认为蒙牛有超过伊利的那一天吗？如果有，是什么时候？如果没有，原因是什么？

牛根生答道：没有。竞争只会促进发展。你发展别人也发展，最后的结果往往是"双赢"，而不一定是"你死我活"。一个地方因竞争而催生多个名牌的例子国内国际都很多。德国是弹丸之地，比我们内蒙古还小，但它产生了5个世界级的名牌汽车公司。有一年，一个记者问"奔驰"的老总，奔驰车为什么飞速进步、风靡世界，"奔驰"老总回答说"因为宝马将我们撵得太紧了"。记者转问"宝马"老总同一个问题，宝马老总回答说"因为奔驰跑得太快了"。美国百事可乐诞生以后，可口可乐的销售量不但没有下降，反而大幅度增长，这是由于竞争逼使它们共同走出美国、走向世界的缘故。

在牛根生的办公室，挂着一张"竞争队友"战略分布图。牛根生说："竞争伙伴不能称之为对手，应该称之为竞争队友。以伊利为例，我们不希望伊利有问题，因为草原乳业是一块牌子，蒙牛、伊利各占一半。虽然我们都有各自的品牌，但我们还有一个共用品牌'内蒙古草原牌'和'呼和浩特市乳都牌'。伊利在上海A股表现好，我们在香港的红筹股也会表现好；反之亦然。蒙牛和伊利的目标是共同把草原乳业做大，因此蒙牛和伊利，是休戚相关的。"

不管是一个企业，还是一个人，面对竞争的时候都应该拿出自己的平和心态，对手不是仇人，相反，我们应该把他看成是自己的朋友。不断地为对方着想，不断地在对方身上吸取宝贵的经验，不断地与对方互通有无，这才能实现竞争中的最大价值。让我们告别那你死我活的单赢局面吧，开创属于自己的共赢，你的世界将更加精彩。

雄鹰振翅高飞，划过长空。天空一片蔚蓝包容了它的不羁，承载了它的稳重，也正因为这样，蓝天才多了那么一种神秘感，让人觉得美丽而充满遐想。鱼儿摆尾回游，穿透碧波。是那一片汪洋容许了它的活跃，收留了它的灵动，因此，大海才让人觉得博大，浪花也彰显着一种清澈之美。不论是在商场还是在职场，都存在激烈而残酷的竞争。但这不意味着我们一定要拼一个你死我活，鱼死网破方可罢休，相反我们应该开垦一片共赢的新天地，让自己和对手在竞争中都能得到自己想要的东西。这才是竞争的最高境界。

不怕失败，树立积极正确的竞争意识

竞争的方式方法是多种多样的，就手段正当与否来说，可以分为正面竞争与反面竞争。凡是在竞争中采取了正当手段的，可称为正面竞争；凡是在竞争中采取了反面手段的，可称为反面竞争。我们应该树立积极正确的竞争意识，勇敢地去参与正面的竞争，只有这样我们才能越来越强大，越来越成熟，越来越像个真正的勇者。

人人都害怕失败，拒绝失败。失败是什么？有人说："失败是一条绳子，有的人用来继续攀爬更高更陡的山峰，有的人把它当作了自缢的工具。"的确，要成功就应该顺着这条失败的绳子积极往上爬，而不是往后退。俗话说"失败是成功之母"。有哪个人的成功是一帆风顺，连一个跟斗也没翻过的？

其实失败也是一种资本，是一种尽快地让你走向成功的资本；是一种"柳暗花明又一村"的资本；是一种"经验总结与散发思维"的引申资本。人生是条漫长而崎岖的道路，哪有人能真正地平步青云，脚底下没进过石子的？没有过失败，没有过挫折，就不可能有成功。不害怕失败，勇于摘取成功的桂冠。

著名数学家华罗庚说过："下棋找高手，弄斧到班门。这是我一生的主张。只有在能者面前不怕暴露自己的弱点，才能不断进步。"因此，同事之间的竞争要以共同提高、互勉共进为目的，要以积极的竞争心理投入到竞争当中去。

竞争总是要分胜负的，就看你能否正确地对待胜负这两种结果了。同事之间的竞争，胜负只说明过去，他胜了，你向他祝贺，并要从中找出自己身上存在的缺陷和不足，以利于你以后的发展。同事之间的竞争，竞争中是对手，工作中是同事，生活中是朋友。竞争后，胜者不必得意忘形，输者不必垂头丧气。

汪国真曾说过："伟大的业绩总是产生于满怀热情的追求和不懈的努力。"热情是对生活、对理想的执著与追求。失去了热情，一切都会变得了无意义。失去热情的人如同行尸走肉般，对工作没干劲，懒于思考，懒于行动，即使最美好的婚姻也会让其搞得焦头烂额，苦不堪言。没有热情的人往往没自信，他们对于生活中的小小挫折都如临大敌，并滔滔不绝地对别人诉苦；他们把生命中美好部分抹得一干二净，却将不完美的部分细细地体会、斟酌，以至于扩散成生活的悲剧。

具有热情的人却不如此。他们会把好的部分继续发扬，把不好的尽量做到最好。那些残留在心里的阴影他们会一笔抹去，或者是作为动力奋发向上。对工作他们全力以赴；对生活勇于承担责任；对朋友他们会尽仁尽义。他们会把生活扮得多姿多彩，将生命过得有滋有味。

漫漫人生路，有谁能说自己是踏着一路鲜花、一路阳光走过来的？又有谁能够放言自己以后不会再遭到挫折和打击，成功的背后往往布满了荆棘和激流险滩！如果因为一时的受挫就轻易地退出"战场"，半途而废，到头来懊悔的只能是你自己；如果总是因为害怕失败而丢掉前行的勇气，就永远不会追求到心中的梦想，正如歌中所唱的，阳光它总是在风雨之后……

有这样一个人，他 14 岁走进拳击场，第一次上台就让对手打得满脸鲜血，但他包扎好伤口，第二天又站到了拳击台上。在一次训练中，他的左眼受了伤，从此他这只眼的视力再也没有恢复。

19 岁时他上了战场。在一场战斗中他被炸成重伤，从此他与创伤结缘，全身先后中了 200 余块弹片。这些弹片中的一部分还没能取出，永远留在了他的体内。

20 岁时，他又立志做一名作家。于是他不停地写啊写啊，可他的作品不断地被退回。

24 岁时，他长久地坚持得到了回报，他的第一部著作出版了，可只印了 300 册。这时他穷困潦倒，已无法维持一家人的生活，妻子终于带着刚出世的儿子离他而去。

这个人就是厄纳斯特·海明威。他在 1954 年获得了诺贝尔文学奖。在一本著名的小说里他写了这么一句话："人生下来不是为了被打败的。"

谁都想在自己的职业舞台上跳出最美的舞蹈，得到最热烈的掌声。但是，掌声与鲜花的获得，一要靠自己有勇气走上舞台，二要靠自己能创造出比对手美妙的舞姿。二者缺一不可。海明威之所以能成功，靠的就是他的那种坚持到底、永不言败的精神，正是这种持之以恒的精神让他在自己的舞台上跳出了最美丽的弧线，尽管在他的人生里充满了不幸和坎坷，也随处可见你死我活的争斗，但最终的结果是他成功了，成全了自己心中的梦想。

对于受挫于起点，失意于前段的黯然情结，命运会赐予它一件最妙的补偿，那就是从哪里跌倒，就从哪里爬起来，使他带着现实的态度，以现实的稳健步伐走下去，去履行自己的人生，去实现自身的价值。生命的好处，也正是在这个时候才像春天吐芽一般，一点一点地显露出来。人生的魅力，在于时时可以从痛苦的阴冷角落里起程，走向花明晴光的远途，走向没有遗憾的未来。即使千帆过尽，还有满载希冀的第 1001 艘船，只要心中的梦想不灭，就不会被孤独地抛在岸边。不论在哪里蒙受失败，都有机会从容整理行装，然后再欣然起程，这就是幸福的真谛，也是你我永生的财富。

竞争是一种促进创造的机制，竞争总会带来失败和挫折。在竞争中我们要做到胜不骄，败不馁。竞争失败是因为我们的努力不够，还需要进一步学习，提高自己的适应能力和竞争能力。如果竞争成功，也不要庆幸和骄傲，还需要进一步努力，争取更大的胜利。

第六章

柔美舞姿，情感作伴
——职场也是讲感情的

有人说职场拼的是能力，只要自己能力出众，总会盼到金子发光的那一天。然而事情并不是你想象中的那么简单。人永远不会像机械程序那样公正，因为人是讲感情的动物。就算站在你面前的领导再铁面无私，他也需要你情感上的关怀。就算你身边的同事再沉默寡言，也需要你以诚相待的那份真挚。有时候职场就像一个大家庭，既要讲求办事的能力，又要维护情感上的共鸣，这是一门绝世武功，需要我们两手都抓，两手都要硬。只有做到了这一点，我们才能在这条道路上少走弯路，轻松跨越雷区，拥有属于自己的成功与辉煌。

职场要讲能力，更要讲人情

职场是讲能力的地方，但同样也是讲人情的地方。如果把能力比做茶水，那么人情就是装茶水的杯子。只有茶水没杯子，无法解渴；光有杯子没茶水，废物一个。只有茶水和杯子具备，才能真正为人所用。

在职场竞技中你有没有遇见这种情况，明明自己的能力比别人高，可是遇到升职加薪这样的事情时，领导却总是不会把你摆在第一位。尽管你在自己的工作上表现积极，但是有什么好事总是让别人抢了先。这时候不服气是必然的，你开始抱怨世道的不公平，开始觉得人心叵测。但你有没有想过自己身上有什么问题呢？是的，职场的确需要能力，但不要忘记人也是讲感情的动物，只有把能力和人情统一起来，才能将自己的职场之路铺得更加平整更有希望。

小娟这几天快气疯了。她快气疯了，不是因为自己的老公爱上别人，也不是因为谁故意找了她的别扭，而是她感到被上司着实地玩了一把。

原来，小娟的单位最近正在搞岗位竞聘，按她的业绩和能力，再加上处长曾经好几次拍拍她的肩膀并意味深长地说"好好干"，小娟非常自信地认为这次竞聘副科长应该是三个手指捏田螺——十拿九稳的。为了参加这次竞聘，她也下了很大的工夫，尤其是竞聘会上的演讲那是相当精彩。这么优秀的人才不用岂不是单位的巨大损失？

怎奈以为小娟当不上副科长是巨大的损失的人，都不是能主事的评委。意外发生了，小娟落选了。

"太黑暗了！这里头肯定有猫腻！"小娟愤愤地说。

"也不一定吧。你没被选上，人家选上了，就有猫腻？"朋友小兰决定不再火上浇油，试着开导她说。

"论能力，论业绩，论演讲，她圆圆哪样都不如我，她凭什么啊？肯定是她背地里使了阴招，还指不定送了多少钱呢？"小娟看来是认准这里头有猫腻了。

"你事先找过你们处长，包括分管局长，乃至大局长聊过你想当副科长的事吗？"小兰又小心翼翼地问道。

"我又不想给他们送礼，我找他们干什么？我凭的是本事，不想搞这些见不得人的事。"小娟有些不屑地说道。

职场是讲情的，这在中国尤为明显。当然，这里所说的人情，并不是让你去犯送礼行贿的错误。就算真的送礼行贿了，就很有可能在人与人之间构成勒索与被勒索的关系，反而没有人情可讲了。小娟之所以会在职位的竞争中失败，缺的不是技能，也不是业绩，更不是因为没有给领导送大礼，而是一份送给上司的人情。

由于受到儒家思想影响，中国社会一直都遵循着熟人社会的规律，里面的最核心价值观就是一个人情的"情"字。有人经常抱怨，现在的人们没有自己的信仰。其实必然，凡是中国人都相信一个"情"字，不管你做什么事情，哪怕就是见面打一声招呼，相互之间给一个笑脸，都是在紧紧地维护彼此的一个"情"字。作为社会的一个重要组成部分。职场自然也不能例外。在职场中讲情，并不是一件见不得人的事，也没有必要刻意避之唯恐不及。

　　古人经常感叹，千里马常有，而伯乐却不是经常有的。如果你觉得自己是一匹千里马，就从此拿出一副清高自傲的样子站在马厩里等伯乐来相的话，那么你很可能会收获失望。很多人觉得，只要自己努力工作了，干出了一番成绩，上司自然会将一切看在眼里、记在心上了，不用答理任何人，升职加薪的事情迟早会落在自己的身上。但是只要你用小脑想一想就会知道有没有这样的好事了。如果真的有，那么整个地球都会跟着停止转动。在如今这个竞争激烈的职场，没有任何一个上司会上竿子、跟在你屁股后面求着你把升职和加薪的光环戴在你头上。只要他们还有选择的余地，他们绝对会选一个对自己感恩戴德且无比忠诚的人的。这也是人之常情，跟职场的黑暗挨不上边，也说不上是什么猫腻行为。

　　有的时候上司提升职员就跟年轻人谈恋爱道理是一样的。一个人就算你已经优秀得无人能及了，如果在想追求的对象面前总摆出一副故作清高的架子，从来不主动作出表示，谁会犯贱一样地将自己的心思一门子扑到你身上呢？所以，要想在职场中做出一些自己的成绩，除了要练就一身的真本事以外，懂得人情世故也同样是十分重要的。之中关系虽然很微妙，但是绝对不会让你在前途上吃亏。如今这个社会讲求的就是一个综合实力，只有你将实力施到位，将人情送到家，才能在今后的发展之路上平步青云，越战越勇。

在职场中，才高八斗的人比比皆是，但怀才不遇的人也同样不在少数，在抱怨上司不是伯乐，世道实在黑暗之前，还是让我们换个角度打量一下自己吧。也许你确实是个人才，也许你在学校读过很多的书，但是你没有做足"人情"的功课。记住吧！职场并不仅仅是能力的竞技，也是人情的比拼，只有将这两点都抓在手里的人，才是这个时代真正需要的人才。

职场也同样需要亲密关系

身处职场的人，经常被告诫：不可与同事相处过密。办公室真的那么可怕吗？难道跟同事之间只能交人交面不交心吗？在职场中，友谊应当扮演什么角色？是将私人生活和工作完全分开，还是在工作中有意识地培养友谊，到底哪一种方法更明智呢？

一天只有 24 小时，刨去自己睡眠的时间，我们大部分的光阴都是在办公室度过的。因此，创造和谐的办公室环境，与同事们建立友善的职场关系，面带微笑地去面对身边的每一个人，同时接受对方的友爱与关心，对职场中人的身心健康起着至关重要的作用。

不仅如此，建立稳固的职场友谊对我们整个的职场生涯也有着深远的影响。据美国专家研究表明，一个职场中的亲密伙伴能够帮

第六章 ——柔美舞姿，情感作伴 ——职场也是讲感情的

助你更好地了解自己所在单位或工作领域的内幕，并且还可以像一块回音壁一样对你的表现做出及时的回馈和反应。这不仅可以让你工作得更开心，还可以帮助你提高自己的创造能力和工作效率。很多人就是因为友谊的缘故获得了自己理想的职位，许多公司也热衷于将升职的机会留给那些人缘好的员工。

新竹大学毕业后的十几年一直辗转于国外，直到去年才回来接受国内的第一份工作——瑞信公关公司资讯部经理。上任之前，老爸老妈一直在她耳边唠叨：国内跟国外不一样，要当心"办公室政治"啊。

办公室政治？新竹虽不解其意，却也有所耳闻：小心经营，步步设防，不要和同事过往密切，不要轻易赞成或反对，当心有人背后暗算……这让她有些胆战，不禁怀疑中国的办公室真的有那么可怕吗？这让她真的很难理解。第一次公司例会上，新竹就违反了"常规"。媒介部经理艾佳刚刚陈述完推广计划，老板让各人发表意见，这时候新竹就"伸出了头"："我觉得很好……如果再加入风险的预测，我认为这就是一份完美的方案。"

新竹话音刚落，才发现其他部门经理正用异样的眼光看着她。会后她才知道，原来艾佳的这份计划两次公开讨论都没有获得通过，老板为此非常恼火，因为如果这次再通不过，公司就很可能失去这个项目。所以在这个紧要关头，谁也不敢说什么，恐怕自己因此而被牵连进去。

果然，新竹被"牵连"进去了，老板同意了艾佳的计划，但指定新竹给予全力配合。可是这又有什么！人在职场，没有担当，哪有超越。新竹毫不犹豫地应承下来，率领自己的几个部下，与艾佳的媒介部整整苦干了一个月，终于出色地完成了任务。庆功会上，艾佳第一个端着酒杯走到新竹面前。无须多说什么，这三十多个日日夜夜，她们已经结成亲密的战略伙伴，常常在加班到凌晨的夜路上，结伴回家。

两个女人相视一笑，将杯中酒一饮而进。新竹知道，自己从此多了一位"同盟"，因为无论工作还是生活中，只要她需要，艾佳总是第一个站在她身边。这对像她这样一个刚刚回国工作的"海归"来说，省去了许多由于环境和思维方式的不同而可能产生的许多麻烦，让她顺利快捷地融入了飞速发展的国内公关行业。

原来在办公室里有个"同盟"，能有意想不到的收获啊，新竹暗自感慨，看来，"办公室政治"并非像别人说的那样可怕，只要正义、果敢、真诚，许多事情都可以呈现出积极健康的一面。

如今这个时代，讲求的是强强联合、互惠双赢。即便是在办公室这样的一个小环境里，拥有亲密、友善的人际关系也是一个人必备的成功元素。从一进门的办公室前台到总经理隔壁的小秘书，从总务办公室再到财务预算科到处都可以有你的亲密伙伴，这些"自己人"不仅会让你的工作变得更轻松愉快，还能在你最需要的时候向你伸出援助之手，助你一臂之力，成为你立足职场、稳步发展中不可忽视的能量来源。

那么如何才能为自己在职场中营造这种和谐友好的亲密关系呢？如何才能让自己和同事和谐友好、肝胆相照呢？看看下面的几点，相信一定能够帮助你更好地打造自己的"战略同盟军。"

帮助别人，不求立即回报

在自己力所能及的范围内，主动帮助自己的同事，是累积人际资产的一大双赢方法。有位企业人士曾经说过这样一句话："欠我的人愈多，日后帮我的人也愈多。"如果在一个工作环境中，大多数人都在明里暗里地帮助你，为你扫平前方的障碍，那么你的发展前景必定是一片光明。

留点时间，说说工作以外的事情

不管工作是如何得紧张忙碌，你总要有休息放松的时间吧？那就用这几分钟跟同事谈谈工作以外的事情，增进彼此之间的感情，相互交流一些信息。别小看了每天这几分钟的能量，时间长了，它就像一座宏伟建筑的基石一样，虽然谁也看不见，但却在暗中稳固地支撑着你，让你在职场中立于不败之地。

多关注一下别人的工作

打开字典，你就会意外地发现，关注的同义词就是重视，当你用心聆听别人的工作状况，与对方一起分享他们的喜悦与苦涩的时候，你的眼睛和神情就会对他传递这样的信息：他的一切并非无人理会，至少还有你在默默地关心他、支持他。

有人把职场看成是没有硝烟的战场，但它即便是战场，你也要拥有自己的同盟伙伴才不至于在每场战役打响的时候因为寡不敌众而过早地败落下来。其实有的时候办公室并不像我们想象中的那么可怕，只要以诚相待，把自己的微笑带给身边的每一个人，你就会发现身边的同事也同样会给你一个阳光般的笑脸。美好的一天，就这样在一片和谐中自然而然地开始了。

倾听，无声的人情财富

倾听是一种与人为善、心平气和、虚怀若谷的姿态。有了这份姿态，就会多听一些意见，少出几句怨言，多一些对对方的礼貌，少一些彼此之间的误解。不论什么时候一个忠实的倾听者总是会受到大家的欢迎，不管是在你的生活中，还是在风云变幻的职场。

有句老话训导人们，人长着两只耳朵却只有一张嘴巴，就是为了少说多听。与同事成功沟通，善于倾听是极其重要的。认真倾听至少有这样几个好处：增加信息和经验，成为消息灵通人士；减少同事间的误会，避免无意义的冲突；增加实现个人愿望的机会；加深与他人的关系，使他们也愿意听你说话。

在某公司的年度工作总结会上，某领导奇怪地发现所有到前台作总结报告的人都会以惊异的眼神看两眼坐在最前排的孙晴，所以当轮到他上去作总结时，他也特别留心看了看孙晴。只见孙晴目光向左上方斜视，一动不动地盯着天花板。会后，这位领导实在忍不住问孙晴："你是不是身体不舒服？或者是对我们这个会和个别领导有什么意见，有意见大可不必不理睬大家，提出来不就完了吗？"

可怜的孙晴很吃惊。"我不是这样的！"她争辩说，"我一直在认真地听呢，没有看你们，是因为我怕死死盯着你们会使你们紧张、分心，而不能集中精力讲话。我一直在心里思考：这个说法准确吗？那个数据是不是太夸张了？总之，我确实是在认真地听呢！"

也许孙晴说的话是真的。但那绝对不是聚精会神，她也显然不是一个善于倾听的人。如果你跟讲话的人没有延伸上的交流和互动，那么对于对方而言，那和你正戴着耳塞或用手捂着耳朵没有什么区别。孙晴或许会得到那位领导的谅解，但其他同事会了解她的这番"良苦用心"吗？不明其中原委的同事又会怎样想呢？时间一长，孙晴的职场之路势必会受到很多不良的影响，由此看来，善于倾听，掌握倾听的技巧，对于我们的职场生涯来说是多么的重要。这不仅仅是对人的一种尊重，更是一门交流中的艺术，能够熟练运用这门技能的人，无论走到哪里都能赢得一片欢迎的掌声和笑脸。

倾听是对别人最好的尊重。认真地听别人把话说完，是你所能给予别人的最有效、也是最好的赞美。不管对方是你的上司、下属还是亲人、朋友，倾听的功效都是同样的。人们总是更关注自己的问题和兴趣，同样，如果有人愿意听你谈论自己，你也会马上有一种被重视的感觉。在职场中，为了沟通情感我们没有必要一味地想对人去诉说，相反我们应该多给别人一些倾诉的机会，让自己静下来带着微笑做个倾听者。当你频频地对对方点头，当你时不时地应和着对方表示自己在很认真地听，即便是感情再淡漠的人，也会因此有所反应，它有可能帮助你打开对方的话匣子，帮助你在最快的时间内拉近彼此之间的距离。

从某种角度来说，听比说做起来更需要毅力和耐心，但只有听懂别人表达的意思的人才能沟通得更好，事情才能解决得更圆满。沟通就好像一条水渠，首先是要两头通畅，那就是指我们要打开我们的耳朵，倾听别人的话。关上耳朵，张开嘴巴的谈话，不能算是沟通。倾听是说的前提，先听懂别人的意思了，再说出自己的想法和观点，才能更有效地沟通。

多听，有时候也是一种积累，听别人谈成功，说失败，那就是在为自己将来储蓄财富。听和说是不能分开的两个环节，只听不说的人不能成功，只说不听的人也不能成功。在工作中每个人都需要和别人沟通，但是听得多还是说得多，就要看我们拥有怎样的态度。做一个先听后说的人，会让沟通更顺利。

有句话说得好："要使别人对你感兴趣，那就先对别人感兴趣。"你可以试着问一些别人喜欢回答的问题，鼓励他人谈论自己及他所取得的一些成就。不要忘记与你谈话的人，对和他有关的一切，比对你所提的问题要感兴趣得多。总而言之，倾听是需要做到耳到、眼到、心到的，当你通过巧妙地应答把别人引向你所需要的方向或层次，你就可以轻松掌握谈话的主动权了。

一位哲人说："善于倾听的人，别人欢迎，自己长智。"善于倾听的人，往往善于沉默。积极倾听能增加信息知识，减少误会和冲突，加深同别人的关系。成功人士往往善于倾听他人的意见。松下幸之助经营的诀窍之一，就是"细心倾听他人的意见"。善于沉默也是正确判断的基础。正如巴巴拉所说，态度、信仰、感情以及直觉——都或多或少地投入到听的活动中去，从而集思广益。

认真听别人说话、适时地保持沉默，你需要发挥自己敏锐的感觉，需要集中自己很多精力，但这并不是难以掌握的。只要你在日常的工作中、在与同事的交流沟通中，善于体味琢磨，就一定会成为一个高水平的倾听者。

　　能做个耐心细致的倾听者真的是一件难能可贵的事情。不管是在日常的社交过程中，还是在职业场合里，我们都应该学会做一个忠实的听众，并且把你对说者的尊重和诚意表现在自己的脸上。倾听是我们对别人最好的一种尊敬，很少会有人去拒绝接受专心倾听所包含的赞许。所以，要想给自己的职场之路多一成胜算，你不仅要会说，更要会听。一个善于倾听的人，不管走到哪里都会迎来一片鲜花和赞美。

想升迁，先修炼好你的情商

　　年关将至，不少公司的领导层都会大换血，一些人脱颖而出成为职场红人，另一些人成功晋级成为新任领导。而你，还是原地不动，这是为什么？有人说，"智商决定被录用，情商决定被提升"。你身边可有这样的情商高手，他们不算最勤奋、最有才华，但做事积极，善于表现，八面玲珑，他们给人的印象分永远是高分。他们为什么会赢？

　　香香，计算机应用本科毕业后一直做与软件相关的调研、设计、测试等工作。2003年跳槽到一家著名的外企公司，负责组织面向客户的网上技术交流，内部的知识共享，客户支持网站内容更新等。

由于职能要求，香香的工作需要联络到各个部门，包括技术、策划、市场、销售等，企业总裁对她的工作职责以及工作能力很看重。并且让她负责公司一个大型项目的组织者和协调者。经过各部门的有效配合，项目办得很成功。然而香香将功劳都归功于自己，这引起了她的直属领导、平级的同事以及一些工作人员的不满。总裁原打算提升她，但由于遭到其他领导与同事的强烈反对，不得不作罢。

更让香香不能接受的是，公司内部有一项关于工作内容、工作能力、工作效果的测评，本来，不管测评分数高低，这都是不公开的，但是香香的领导却当着同事的面将她批评得体无完肤。这使得她与领导的关系更加恶化。香香觉得领导和同事都是妒忌她的能力，故意与她作对，按照这样的情况发展下去，公司根本是无法待了。

看了上面这个例子，你一定能感觉得出来，香香是一个个性较强，骄傲孤僻，不屑与人沟通交流的人，对功劳总是有一种强烈的占有欲，她不懂得与别人分享成功果实的重要，更不知道如何处理上司和同事之间的和睦关系，最终也因此付出了自己惨痛的代价。由此可见，香香属于典型的职场高智商低情商一族。要想彻底改变目前的处境，她就必须控制好自己的情绪，并且从沟通协调能力方面作出切实可行的调整，加强自己与领导之间的沟通，处理好同级同事之间的关系，除此之外对自己下级的管理也是很重要的。

香香不仅与领导、同级管理者之间关系恶化，即使是自己的下属也很难对她表示认同，可见她的工作将是多么的难以开展了。就算她是一个自身能力很强的人，没有团队的配合，出色完成工作也只是一句空话，那么总裁对她的欣赏与信任也会因此而大打折扣。

这时候你一定想问："那究竟怎样去开发、提高自己的情商呢?"白骨精们可以从以下三个方面入手：

(1) 培养自己敏锐的情感洞察能力

我们可以把职场想象成一片森林，里面有各种各样的动物，不同的动物必然有着它们不同的性格和不同的情绪。要想在里面心情愉悦地生存下去，免不了要与不同人的打交道。而想让别人接受你、理解你，首先你就必须能够敏锐地把握不同人的情绪及性格的状态，学会对什么人说什么话，该开的玩笑开，不该开的还是免开尊口，有些话该说的时候说，不该说的时候绝对不说。这些都是情商素质中最基本的东西。我们必须学会细心观察别人的情绪变化、了解对方的性格轮廓，培养自己敏锐的情感洞察能力。

(2) 提高清晰的自我认知能力

在职场有一条走向成功的规则，那就是：你希望自己今后成为什么样的人，就必须让别人知道你就是这样一个人。这就是一种明确的自我定位。

有些人希望自己日后能成为一名出色的管理者，具备一流的领导才能与高瞻远瞩的眼光。但是，在它们平时与人交往中，却经常表现出一副草率行事、目光短浅的行为习惯，与人交往的时候也根本表现不出半点领导者应该具备的气度与胸襟。这种平常的行为习惯、与别人的交往方式其实是不断地塑造着自己的职场形象。所以，如果你希望自己成为什么样的人，就必须学着不断向那一类人的行为方式和思维方式，甚至语言逻辑靠近，这种高超的情商模式可以大大加深别人对你目标的认知、认可，最终帮助你达成自己的愿望。

（3）拥有良好的自控感情能力

在职场中，一些管理者无论在提拔新人、下达任务还是赏罚个人上，经常会犯的一个错误就是容易陷入以个人情感取代职场规则，或者以自己感性的判断使原本应理性的决策变得模糊不清。这种私人感情的外溢从某种程度上替代了自己职场秩序的遵守，这是一件非常危险的事情：提拔一个与你关系好的人，解聘一个能干但却不讨你喜欢的人；或是有意地给你喜欢的下属减少些工作量，将其转嫁到你所不喜欢的下属身上。这些行为固然可以为你带来一定的关系圈，使得有些人对你死心塌地，但是随之而来的破坏性也是不可估量的。

综观业界真正的成功者，几乎没有一个是感情用事的。控制好自己的情感，以理性的思维去压制自己感性的情绪，做到顾全大局、眼光长远、不以个人情绪喜好左右决策，这才是作为一个管理者最终应该达到成功的目标，必须修炼的情商之剑。

情商高的人知道，虽然我心里面是这样的想法，可是我的看法不能代表全世界唯一的看法。而情商不高的人，也许就会直接表达，这样的表现是心理可能还不够成熟的表现。我们可以表达对别人不欣赏的地方，但是要换一种方式表达。因为你要知道，世界不是只有你一个人的角度，这不是虚伪，而是尊重。

建立自己的人情储蓄账户

生活中，有的人对需要帮忙的人退避三舍，而有的人则刚好相反，他们见到给人帮忙的机会，就像一只饥饿的狐狸扑向它久违的猎物一样。无疑，后者才是深谙与人交往之道的高手，他们深知人情账户的重要性，知道今日的施与正是以后的获得，当他们落难或者不如意的时候，会有很多人施以援手，甚至很多人主动找上门提供援助。做人做得如此风光与储蓄"人情账户"的良好习惯是分不开的。

人们在银行里开个户头，可以储蓄以备不时之需的账款。而"人情储蓄"，储存的则是增进同事感情不可缺少的信赖、关心或者说是你与他人相处时的一分"安全感"。能够增加感情账户"存款"的是礼貌、诚实、仁慈和信用。这会使别人对你更加信赖，必要时会发挥相当作用，即使犯了错误也可以用这笔"储蓄"来弥补。有了信赖，即使拙于言辞，也不至于开罪于人，因为对方不会误解你的用意。相反，那种粗野、轻蔑、无礼与失信等，都会降低感情账户的"余额"，甚至透支人际关系就得拉"警报"了。

"财富不是朋友，但朋友一定是财富。"人称"多个朋友多条路，少个朋友多堵墙"，可见建立"人情账户"的重要性。在人际交往中，见到给人帮忙的机会，要立马扑上去，"人情账户"才能适时地进行存储，到需要的时候方能左右逢源。人情就是财富。积累人情这一无形资本是人情关系中最基本的策略和手段，信息网是开发利用人际关系最为稳妥的灵丹妙药。

也许，这时候有人会说："我怎么就能肯定对方一定会还自己的人情？这年头，秋后不认账的人太多了。"是的，对方会不会还人情是个未知数，但是可以肯定的是，你不做人情储蓄，就一定无所得。何况即使对方没有任何表示，你也会为自己赢得施恩不图报、德行好的美名。如果你周围的人都在说你人好，你的路还会不好走吗？

相反，对得失斤斤计较、不肯帮助别人的人是可恶的。撇开他人在关键时刻得不到帮助会怎样不说，也抛开社会对不肯帮助人的人的评价不谈，就其自身而言，也会让自己成为一个可悲的人，是自己亲手堵死自己所有可能的路，也切断了与外界的联系。自绝于人生的人难道不可悲吗？

那么究竟怎样建立自己的储蓄账户呢？怎样才能让对方知道你的情意，并珍惜你们彼此之间的关系呢？看看下面的建议，希望能够对你有所帮助：

给人情，留后路

也许没有比帮助这一善举更能体现一个人宽广的胸怀和慷慨的气度的了。不要小看对一个失意的人说一句暖心的话，对一个将倒的人轻轻扶一把，对一个无望的人赋予一个真挚的信任。也许自己什么都没失去，而对一个需要帮助的人来说，也许就是醒悟，就是支持，就是宽慰。相反，不肯帮助人，总是太看重自己丝丝缕缕的得失，这样的人目光中不免闪烁着麻木的神色，心中也会不时地泛起一些阴暗的沉渣。别人的困难，他可当作自己得意的资本，别人的失败，他可化作安慰自己的笑料；别人伸出求援的手，他会冷冷地推开；别人痛苦地呻吟，他却无动于衷。至于路遇不平，更是不会拔刀相助，就是见死不救，也许他还会有十足的理由。自私，使这种人吝啬到了连微弱的同情和丝毫的给予都拿不出来。

也许这样的人没有给人帮助倒是其次，可怕的是他不仅可能堕落成一个无情的人，而且还会沦落为一个可悲的人。因为他的心除了只能容下一个可怜的自己，整个世界都无须关注和关心，其实，他也在一步步堵死自己所有可能的路，同时也在拒绝所有可能的帮助。

不在乎被人占便宜

被占便宜看似一种损失，其实是一种投资，因为对方会觉得有所亏欠，恰当的时候便会有所回报。当然，太大的亏是不能吃的，但如果明知讨不回公道，那就不如认了。另外，有些人占了便宜还卖乖，而且也没有亏欠之心，对这种人不必有所期望，但让他占便宜总比得罪他好。

反省一下自己的过去，便不难发现，当你得意的时候，一定有别人的助力。因此，对向有力人物、可能会帮助你实现理想的人以及可能会替你"宣传"你的能力的人，表现你的才能，是很重要的。事实上，所谓"走运"，多半是人情储蓄账户的"利息"。那些对你的才能有所认识的人，总有一天，会给你带来好运气。不过，这里所谓的个人交际，并不是让你只靠钻营走门路。假使你没有一点真本事，任凭你怎么走门路，也难以受到同事的尊重和信赖。即使一时获得稍高的地位，也没办法维持。

施恩，一定要雪中送炭

施恩分为两种：一种是雪中送炭，一种是锦上添花。两者都可落得人情，但两者之间的价值却有天壤之别。雪中送炭是救人于生死。济人于危急，就好比给一个即将渴死的沙漠旅人以清泉；而锦上添花则好比给富人以金条。这两者给人带来的心理满足是天壤之别。因此，要帮助就去帮助那些真正需要帮助的人。

求人帮忙是被动的，可如果别人欠了你的人情，求别人办事自然会很容易，有时甚至不用自己开口。做人做得如此风光，大多与善于结交人情，乐善好施有关。施恩术是人情关系学中最基本的策略和手段，是开发利用人际关系资源最为稳妥的灵验功夫。

赞美，一种不花钱的感情投资

在这个风云变幻的职场里，每个人都希望自己能够拥有更好的人缘，但是如何赢得对方的好感和信任，却经常成为萦绕在我们头脑中的难题。其实，想要让别人对你微笑并不是什么难事儿，赞美就是一种不花钱的感情投资，只要你应用得当，就会给你的职场带来不小的收获。

沉闷的办公室，充满了文件和繁杂的公务，不知不觉中就会使人变得失去热情；当工作压力越来越大，我们的内心就会变得烦躁，一些不愉快的事情就会在瞬间侵袭我们的头脑，即便是对那些能完成的简单工作也会觉得复杂和难度增大！这个时候，每个人的内心就会涌起一种渴望：渴望赞美和关心！

赞美是发自内心深处的对别人的欣赏，然后回馈给对方的过程；赞美是对别人关爱的表示，是人际关系中一种良好的互动过程，是人和人之间相互关爱的体现。

要想在办公室里出人头地，赢得上司的青睐和同事间的和睦，可以有好几种方法：赞美他人，赞成他人的意见，帮助他人做事，等等，其中赞美是最有效的。它早已经成为一个受欢迎人的必备手段，是建立良好人际关系的基石，更是事业成功的良性催化剂。

在办公室共事，一般人往往容易注意别人的缺点而忽略别人的优点及长处。因此，发现别人的优点并给予由衷的赞美，就成为办公室难得的美德。无论对象是你的上级、同事，还是你的下级或客户，没有人会因为你的赞美而动气发怒，一定会心存感激而对你产生好感。

巧妙地运用奉承手法，让你的上级欣赏你，让你的同事帮助你，让你的工作得以顺利完成，为每个人营造一种和谐的办公室气氛，同时不失去自己做人的尊严和修养，事业的成功也就离你不远了。

美国哲学家詹姆斯说："人类本质中最殷切的需求是渴望被肯定。他不用"希望"、"盼望"而用"渴望"这个词，足以说明人们需要的程度。也就是说，人们对于被肯定的渴望，绝不亚于对于食物和睡眠的需要。而人们渴望被肯定的本质就是：渴望被重视，渴望被赞美。

美国著名的成人教育家卡耐基说："我们滋养我们的子女、朋友和员工的身体，却很少滋养他们的自尊心。我们供给他们牛肉和洋芋，培养精力；但我们却忘了给他们可以在记忆中回想好多年像天籁之音的称赞。"

一百多年前，在美国，由于渴望被重视、渴望获得赞美，一个未受过任何高等教育的极度贫困的杂货店员，争分夺秒地研究他花费五角钱买来的法律书。在经过近 20 年共计 17 次的惨痛失败后，他终于成为一名律师乃至总统，他的名字就是亚伯拉罕·林肯。林肯解释说："那是因为人人都喜欢赞扬。"当然，这种人类的本性并不是林肯第一个发现的。所有在办公室里、公司里、商店里、工厂里工作的人都会无一例外地遭遇过在一番刻意地自我表现之后，却不见丝毫的喝彩和掌声，真的是一件让人沮丧的事情。因此，在工作中，我们应该永远不要忘记，不管是同事还是上司，也都像我们自己一样渴望别人的欣赏和赞扬。欣赏和赞扬是所有的人都欢迎的东西。

渴望被重视、鼓舞影响着每一个人的心灵。虽然我们没有汽车、金钱、地位给别人，但至少我们能够给别人我们所能给的东西，这就是真诚的赞美。它是一笔不需要花钱的感情投资，是挖掘人们内在善、美之心的最好铁锹。懂得满足别人被赞美渴望的人，就能够和别人友好相处，得到更多人的关心与帮助。

尽管赞美的话每个人都能够说出很多，但是真正高水平的赞美却很难有人能做到。它需要一定的诚意，一定的热情，一定的环境，一定的契机，才能表达得恰到好处。

（1）赞美要具体。空洞的赞美，会让人怀疑你的动机，但如果你能把这种赞美具体化，别人就会感受到你的真诚。比如你说一千遍"你长得真漂亮",也许还不如来一句"你长得太像关之琳了"有效。

（2）先否定，后肯定。这种用法一般是这样的，"我很少佩服别人，但你真是个例外"；"我一生只佩服两个人，其中一个就是你"。这种先抑后扬的做法，会让对方产生一种强烈的对比的效果。

（3）赞美要有针对性。如果一个人给你看了他小孩的照片，那么你一定要夸奖他的小孩多么的乖巧可爱；如果对方说自己升了官，第二天见到他，一定要记得用新职务去称呼他。

（4）适度地指出对方的变化。这样做的意义就是向对方表明"你在我心目中很重要，我很在乎你的变化"。例如长时间不见面的同事，再见面时无论说"你胖了"还是"你瘦了"都是很贴心的问候。

（5）与自己做对比。如果你放低自己的姿态与对方做比较，那么你就会显得格外真诚，这一招尤其适合领导使用，它一定会给下属一种莫大的鼓舞。

一位著名企业家说过："促使人们自身能力发展到极限的最好办法，就是赞赏和鼓励……我喜欢的就是真诚、慷慨地赞美别人。"如果我们想搞好同事关系，就不要光想着自己的成就、功劳，因为这些别人是不会理会的；相反，我们应该去发现别人的优点、长处和成绩，然后用自己的心给予对方最真诚的、慷慨的赞美。当你真的做到这一点的时候，你一定会发现原来拉近人与人之间的距离就是如此的简单。

犹太人有一句谚语："唯有赞美别人的人，才是真正值得赞美的人。"渴望被人赏识被人认可是人基本的天性，也是职场上有效沟通、屡试不爽的技巧之一，学会发自内心地赞美别人，用赞美来取代对别人的批评和挖苦，你的人际关系会变得更加融洽。

包容让你的职场充满阳光

宽容是人和人之间必不可少的润滑剂。它和诚实、勤奋、乐观等价值指标一样，是衡量一个人气质涵养、道德水准的尺度。宽容别人是对对方的一种尊重、一种接受、一种爱心，有时候宽容更是一种力量。

在大肚弥勒佛殿门前的对联"大肚能容，容天下难容之事；开口便笑，笑世间可笑之人"给世人留下深刻印象，脍炙人口，常用来形容宽容与乐观的人和事。提起这副对联，便使我联想到我们的职场上，与上司，与下属，与周围的同事，恰恰需要这种宽容与乐观。

"宽容"是大家用来形容一个好上司、好同事心胸坦荡的代名词之一，虽然许多人都认识到这一点，但做起来却很难。往往为了一些小事儿争论不休；为了小小恩怨耿耿于怀，相互拆台，寻机报

第六章 柔美舞姿，情感作伴
——职场也是讲感情的

173

复，最终结果还是两败俱伤或身败名裂。

从前有一个富翁，他有三个儿子，在他年事已高的时候，决定把自己的财产全部分给三个儿子，但店铺只能留给其中的一个。富翁于是想出了一个办法：他要三个儿子都用一年的时间去游历世界，回来之后看谁做的事情最高尚，谁就是这家店铺的继承者。

一年时间很快就过去了，三个儿子回到家中，富翁要三个人都讲一讲自己的经历。

大儿子得意地说："我在游历世界的时候，遇到了一个受伤的年轻人。他十分信任我，把一袋金币交给我保管，我就把那袋金币原封不动地按地址交还给了他的妻子。"

二儿子自信地说："当我游历世界的时候，来到了一个贫穷落后的村落，看到一个可怜的小孩子不慎掉到河里，就立即跳下去，从河里把他救了起来，并把他送回了家，还留给他们一笔钱，让他们做生意。"

三儿子犹豫地说："我倒没有遇到大哥、二哥碰到的那种事，可我遇到了一个坏人，他盯上了我的钱袋，一路上总想害我，有一次差点死在他的手上。可是有一天我经过悬崖边，看到那个想害我的人正在悬崖边的一棵树下睡觉，当时我只要抬一抬脚就可以把他踢到悬崖下，但我想了想，觉得不能这么做，正打算离开时，又担心他一翻身掉下悬崖，于是叫醒了他，然后继续赶路了。这实在算不了什么有意义的经历。"

富翁听完三个儿子的话，满意地点了点头说道："诚实、见义勇为都是一个人应有的品质。有机会报仇却放弃，并帮助仇人脱离险境的宽容之心才是最难能可贵的，我的店铺就是老三的了。"

包容的是别人，受益的却是自己。这个故事所告诉我们的也许并不仅仅是这一点。但富翁把宽容之心列为最高尚的品质，却也不无道理。是的，在学习和生活中，如果你能长存包容、仁爱的心态，那么，你将因此受用一生。

有一位部门主管，在一次外出时，手提包意外被盗，里面除了常用的钱物外，还有公司的公章。当她既内疚又担心地站在老板面前讲完事情发生的整个经过以后，老板却意外地笑着对她说："我再送你一只手袋好不好？你前段时间的工作一直非常出色，公司早就想对你有所表示，但一直没有机会，现在机会终于来了。"

那位没有暴跳如雷的老板，用宽容的态度处理了这件事，使这位部门主管心怀感激，后来任凭其他公司有多么优厚的待遇聘请她，她都不为之所动。

一个小小的举动，却换回了部门主管的一片赤胆忠心。我想这也许连那位老板都没有想到。有的时候包容的力量就是那么神奇，它总是能给对方一种感情上的支持，让其内心大受鼓舞和感动。其实，职场中的包容，往往是具有挑战力，具有相当大的难度的。当一个人犯了错误，低着头等待惩罚的时候，很多人都会板起自己的面孔，也许这样做可以让你显得很有威严，但同时你丢弃的很可能是对方对你的忠诚。所以，有的时候不妨拿出自己的包容之心，谅解对方的过失，原谅他的错误，尽管自己也许会受到一些小小的损失，但是未来的收益一定是巨大的。

宽容是生活的润滑剂。人心不是靠金钱和权力征服的，而是靠宽容和大度征服的。对他人多一些理解，多一些尊重，多一些关爱，就是为自己拓宽一条路，为他人疏通一条河，为人际和谐注入了凝聚剂。大肚能容容天下难容之事，你会处处路顺，事事舒心。

宽容别人是一种美德。常言道，忍一时风平浪静，退一步海阔天空；处世让一步为高，待人宽一分是福。宽容就是不计较别人的过失，不计较别人的错事，对伤害过自己的人要客观正确对待，原谅别人的过错。为什么要一门心思只想证明人家的错误，而不去想一想人家是否有合理之处？在人与人相处的过程中，总难免有所过失和私心，有的过失也许会有意无意地对你造成极大的伤害或者利益的重大损失。当遇到这种情况时，能以海一样的胸怀宽容对方，用智慧和善心化解矛盾，那才是真正的人中豪杰。

宽容是一束灿烂的阳光，如果你愿意用这种温暖普照别人，那么你的世界一定会变得更加灿烂夺目。对上司宽容一点，你们的关系将会变得更加和谐，对同事宽容一点，你将会得到更多的帮助和信任，对下属宽容一点，你将得到的是真诚的拥戴和关注。所以放下自己的愤怒和偏见吧，用海一样的胸怀包容一切，你的职场一定是一片明媚的阳光。

大海，正因为它极谦逊地接纳了所有的江河，才有了天下最壮观的辽阔与豪迈。我们像海一样宽容吧！那不是无奈逃避，不是无力退缩，不是无原则忍让，那是力量和智慧的和谐统一。宽容是一种胸怀、一种素养、一种气魄、一种境界、一种风度、一种财富。

感恩的心，帮你凝聚工作的力量

职场上我们需要感恩，感恩可以让反对你的人理解你，理解你的人支持你，支持你的人忠诚你，忠诚你的人捍卫你。体味人生，珍惜职场中的每一份感动，伸出的每一双援助之手，每一个支持而亲切的笑容，这一切无时无刻都在表达着一句话："只有会感恩的人才能走得更高，行得更远……"

一位成功的职业人士曾说："是一种感恩的态度改变了我的人生。当我清楚地意识到我在学历以及待遇上比别人都低时，我没有权利抱怨什么。相反地，我对所有的一切都怀抱感恩之情。我竭力要回报别人，我竭力要让他们快乐。结果，我不仅工作得更加愉快，所获帮助也更多，工作也更出色。我很快就获得了公司加薪升职的机会。"

在自己的人生旅程中，我们要有一种高度清醒的态度去面对我们的梦想，要知道，不管这个世界发生怎样的改变，你的梦想都可以用现已存在的渠道或者未来可以寻找到的渠道得以实现。这一点在我们的工作渠道中表现得尤为明显，我们需要用感恩的心态去对待自己的工作，只有这样，我们才会迸发出强烈的工作激情，才能为自己的工作不断努力。感恩精神会激发我们对人生的积极心态，在你的感恩心态之下彰显出各种优秀的品质，从而驱动着你向着自己的梦想不断前进。

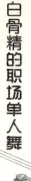

用感恩的心去面对工作你会发现工作对你的重要；你开始在意你的老板、同事，开始关心你职场中遇到的每一个人。知道感恩的人，他的为人处世总是主动积极、敬业乐群的，他总是给人一种未来的前途不可限量的感觉。他们会成为企业的栋梁，这也是老板任用贤才的首要条件。

所以，不要忘了感谢你身边的人，不论他是你的上司还是同事。感谢给你提供机会的公司，正是他们的了解和信任给了你莫大的支持。大声说出你的感谢吧！让他们知道你真心地感激他们的信任和帮助。你可以用一种特殊的方式，告诉你的老板，你真的很热爱自己的这份工作，感谢他总是能让你从工作中获得机会。这种深具创意的感谢方式，必然会得到他关注，甚至你还可能获得提拔的机会。要知道感恩是会传染的，你的老板也同样会以具体的方式来表达他的谢意，感谢你多年以来为公司所提供的尽职尽责的服务。

史蒂文斯失业了，一切来得那么突然。一个程序员，在软件公司干了8年，他一直以为将在这里做到退休，然后拿着优厚的退休金颐养天年。然而，这一年公司倒闭了。

这时候史蒂文斯的第三个儿子刚刚降生，他感谢上帝的恩赐，同时意识到，重新工作迫在眉睫。作为丈夫和父亲，自己存在的最大意义，就是让妻子和孩子们过得更好。

他的生活开始凌乱不堪，每天的工作就是找工作。一个月过去了，他没找到工作。除了编程，他一无所长。

终于，他在报上看到一家软件公司要招聘程序员，待遇不错。史蒂文斯揣着资料，满怀希望地赶到公司。应聘的人数超乎想象，很明显，竞争将会异常激烈。经过简单交谈，公司通知他一个星期后参加笔试。

凭着过硬的专业知识，笔试中，史蒂文斯轻松过关，两天后面试。他对自己 8 年的工作经验无比自信，坚信面试不会有太大的麻烦。然而，考官的问题是关于软件业未来的发展方向，这些问题，他竟从未认真思考过。

史蒂文斯觉得公司对软件业的理解，令他耳目一新，虽然应聘失败，可他感觉收获不小，有必要给公司写封信，以表感谢之情。于是立即提笔写道："贵公司花费人力、物力，为我提供了笔试、面试的机会。虽然落聘，但通过应聘使我大长见识，获益匪浅。感谢你们为之付出的劳动，谢谢！"

这是一封与众不同的信，落聘的人没有不满，毫无怨言，竟然还给公司写来感谢信，真是闻所未闻。这封信被层层上递，最后送到总裁的办公室。总裁看了信后，一言不发，把它锁进抽屉。

3 个月后，新年来临，史蒂文斯收到一张精美的新年贺卡，上面写着：尊敬的史蒂文斯先生，如果您愿意，请和我们共度新年。贺卡是他上次应聘的公司寄来的。原来，公司出现空缺，他们想到了史蒂文斯。

这家公司就是美国微软公司，现在闻名世界。十几年后，凭着出色的业绩，史蒂文斯一直做到了副总裁。

当我们怀着感恩的心去工作，我们就是在享受工作，这样以一种愉悦感恩的心态去工作，我们收获的将是意想不到的惊喜和成就。仔细想一想，自己曾经从事过的每一份工作，都给了你许多宝贵的经验和教训，这些都是人生中值得学习的经验。带着一种从容坦然、喜悦的感恩的心情工作吧，你会获取最大的成功。

 白骨精箴言

　　如果你每天能带着一颗感恩的心去工作，相信你将不再认为每天的生活就是在承受压力，相反，你是在享受着一种工作时的愉快而积极的心情。这种心情让你感觉时间过得很快，自己离当初的梦想越来越近了。所以带着一种坦然而喜悦的感恩心情去工作吧，相信你一定会收获人生更大的成功。

舞步灵活，勤能补拙
——不断思考，不断规划，不断学习

人生是需要规划的，要想在职场中拥有一片属于自己的天空，除了过硬的能力以外，还要具备有效的思考能力，快速的应变学习能力。只有不断地思考，持续地学习，规划好自己未来的目标和定位，才能向着自己的目标不断前进。才不会因为思维的僵化而过早地被别人取代。无论什么时候都要记住，职场是充满着竞争的，这个社会将会源源不断地涌现更出色的人才，如果这个时候你的思考能力和学习能力没有跟上时代的步伐，那么等待你的将只会是失败的残局。

多思考，让你在职场平步青云

职场是一个风云变幻的地方，要想在中间找到属于自己的位置，并不是一件容易的事情，除了那些硬性的能力以外，职场还在无时无刻考验着我们的动脑能力。一个人只有多思考，才能在自己今后的职场道路上不断进步，才能在最终迎来自己职场中那辉煌的巅峰时刻。

两个同龄的年轻人同时受雇于一家店铺，并且拿同样的薪水。

可是一段时间后，叫阿诺德的那个小伙子青云直上，而那个叫布鲁诺的小伙子却仍在原地踏步。布鲁诺很不满意老板的不公正待遇。终于有一天他到老板那儿发牢骚了。老板一边耐心地听着他的抱怨，一边在心里盘算着怎样向他解释清楚他和阿诺德之间的差别。

"布鲁诺先生，"老板开口说话了，"您现在到集市上去一下，看看今天早上有什么卖的。"

布鲁诺从集市上回来向老板汇报说，今早集市上只有一个农民拉了一车土豆在卖。

"有多少？"老板问。

布鲁诺赶快戴上帽子又跑到集上，然后回来告诉老板一共40袋土豆。

"价格是多少？"

布鲁诺又第三次跑到集上问来了价格。

"好吧，"老板对他说，"现在请您坐到这把椅子上一句话也不要说，看看别人怎么说。"

阿诺德很快就从集市上回来了，向老板汇报说到现在为止只有一个农民在卖土豆，一共40口袋，价格是多少多少；土豆质量很不错，他带回来一个让老板看看。这个农民一个钟头以后还会弄来几箱西红柿，据他看价格非常公道。昨天他们铺子的西红柿卖得很快，库存已经不多了。他想这么便宜的西红柿老板肯定会要进一些的，所以他不仅带回了一个西红柿做样品，而且把那个农民也带来了，他现在正在外面等回话呢。

此时老板转向了布鲁诺，说："现在您肯定知道为什么阿诺德的薪水比您高了吧?"

作为公司里的一员，思考得越多，思考得越好，取得职业成功的可能性就越大。有些人是逻辑思考，另一些人是浪漫思考，但是他们都必须要对思考、沉思、反映和想象抱有自己相当的信心。

思考在我们的学习和生活中占有极其重要的地位，它是我们行动的先导，是导致我们事业成功与否的最重要的因素。其实，人所寻找的大部分问题的答案，本来都深藏在自己的头脑中，从想法、故事、经验到信心和内心的平静，无不如此。

大脑思考时需要两锭"金子"：一是寻找或者创造实际目标所需要的全部信息的能力；另一个是以富有成效和有意义的方式运用这种信息。运用这种新的思维方式，你将学会如何进行富有成效地思考——即要以新眼光去思考和观察事情，以期有崭新的发现和发明。

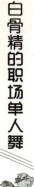

1956 年，松下电器公司老板松下委任西田千秋为松下精工公司总经理。

这家公司的前身，是专做电风扇的，产品很单一。西田千秋准备开发新的产品，试着探询松下的意见。松下对他说："只做风的生意就可以了。"

四五年之后，松下到这家工厂视察，看到厂里正在生产暖风机，便问西田："这是电风扇吗？"

西田说："不是。但它和风有关，电风扇是冷风，这个是暖风，你说过要我们做风的生意。这难道不是吗？"

后来，西田千秋一手操办的松下精工的风家族，已经非常丰富了。除了电风扇、排风扇、暖风机、鼓风机之外，还有果园和茶园的防霜用换气扇，培养香菇用的调温换气扇，家禽养殖业的棚舍换气调温系统，他的职场位置也因此而平步青云。

这个时代需要创新，需要思考，没有思考世界就不会进步，没有思考我们就会失去很多人生的机遇，所以为了自己也为了这个时代，我们必须不断地开动自己的脑筋，只有这样我们才会在自己的职场生涯里不断前进，最终到达那个心中最理想的位子。

思考是人类独有的能力。我们有意识、有认识和发现的能力，还有反应和构思的能力。我们通过思考、感悟和探询而获取知识的能力，构成和决定着我们的工作结果。

人们往往在身处宁静的状态下，才能想出最好的主意和策略。所以你可以每天抽出点时间来专门从事思考，而不要觉得这是在浪费时间。因为，思考是你工作表现出色的基础和前提。如果你把自己时间的 1% 用于思考和计划，那你达到目标的速度将会是惊人的。

如果你想成为企业的一名优秀的员工，你一定要学会观察、控制和改变自己的思想，同时你还需要仔细探求自己的思想对自己、同事、自己的工作与环境的影响和作用，通过耐心实践和调查将因与果紧密地联系起来；哪怕那只不过是一些微不足道的经历和日常发生的琐事，只要你细心留意就会发现它们都是值得你思考的课题，都是一种获取知识的途径。俗话说："只有努力寻找的人才能找到；大门只会对敲门的人敞开。"只有通过耐心、实践和无止境的思考，才能让思考为你的工作保驾护航，你才能做得更好。

白骨精箴言

　　小时候老师总是教育我们要勤思考多动脑，这样的谆谆教诲几乎快要把我们的耳朵磨出了茧子。真的走向了社会，步入了职场，我们突然发觉这句话是多么的重要，它不仅仅能够帮助我们摆平工作中各种各样的难题，还可以让我们在不断地超越中实现更多的自我价值。所以无论如何不要忘记思考的重要，因为它可以改变自己的明天，更能成就整个世界的未来。

遇事多想几步，多问几个为什么

在工作中，每一个人都会遇到各种各样的问题。对于简单的问题，我们可以轻而易举地把它搞定，而对于较为复杂的问题，要想得到很好的解决方案，就不是一件容易的事了。但是，问题是不能拖延的，也是不能放弃的，那究竟应该怎么办呢？抓住已有的线索，刨根问底，多问自己几个为什么吧！只要你善于发问，善于思考，问题就会自然而然地迎刃而解了。

很多人糊里糊涂地过了一辈子也没有发现周围存在的问题，他们只是看到现象，却不了解其中真正的含义，更没有去挖掘现象背后的本质。如果能在遇到无法理解的事情时，问问自己："为什么？"再仔细想一想，你可能就会有伟大的发现。我们必须用疑问打开思考的钥匙，只有不断思考，才能在最终有所发现、有所突破。

一次，通用汽车公司黑海汽车制造厂总裁收到客户的一封奇怪的信。在信中，这位客户抱怨，他新买的黑海牌汽车，只要自己从商店买回香草冰激凌回家，就启动不了，但买其他种类的冰激凌则不会出现这样的状况。有的人认为问题应该不在车子本身，可能是因为香草冰激凌的原因。黑海厂总裁也对这封信感到很困惑，也想不出什么好的解决办法，但为了稳妥起见，还是派了一名工程师前去查看。当晚，工程师就随着这个车主去买香草冰激凌，返回时，车子果然无法启动了。工程师百思不得其解，回去向总裁汇报说这的确是事实，但是一时还尚未确定是什么原因。

在总裁的嘱托下，工程师随着车主一连两个晚上都去买冰激凌。车主分别买了巧克力冰激凌和草莓冰激凌，结果车子都能够照常启动行驶。但第三个晚上买香草冰激凌时，车子又和往日一样，出现了发动机熄火的症状。尽管工程师没有找到真正的原因，但是他确定这种状况绝对不是因为车子对香草冰激凌过敏，而这一结论也引起了总裁以及通用汽车制造厂的特别关注。于是总裁要求工程师加倍努力，一定要找到导致这一问题的原因。在几次随车主外出的过程中，工程师都对日期、汽车往返的时间、汽油类型等因素做了详细的记录。

最后工程师终于发现了一些关键的线索：这跟买冰激凌所花的时间长短有关系，香草冰激凌只是一个偶然的因素。因为香草冰激凌是最受欢迎的一种冰激凌，售货员为了方便顾客，就直接把它放在货架前，买主如果需要的话只用最短的时间就能买到，而这个时候汽车的引擎还很热，不能够使产生的蒸汽完全散失掉。而买其他冰激凌则需要更多的时间，汽车可以充分冷却以便启动，所以买其他的冰激凌汽车就能启动，而香草冰激凌就不行。

那么，车子为什么停很短时间就启动不了呢？经过工程师进一步的调查研究发现，问题出在一个小小的"蒸汽锁"上。尽管这只是一个很小的细节，技术难度也不是很大，但是却直接影响到了客户的使用。经过反复思考，工程师终于解决了这个难题。

由此看来解决问题的时候，一定要拿出一种刨根问底的精神，多问自己几个为什么。这真的是一种非常有效的工作方法。只要能拥有这样的做事精神和态度，那么任何问题都不再是问题。但是如果遇到问题，不投入时间、精力、物力去努力地研究、冷静地思考，而是浅尝辄止，追其结论只给出"可能或不可能"的简单回答，那么再小的问题也必将是难以解决的。

单纯的头痛医头，脚痛医脚，绝对不是解决问题的正确办法，治病不在治标，而在于治本。对于工作也是同一个道理，我们应该逐步养成这样一个好习惯：在工作中凡事都要多问几个为什么。这说起来很简单，但做起来却也不是那么容易。大家很多时候都是在凭借自己的直觉做事，很容易忽略问这个"为什么"的过程。也就是说，我们往往不能完全做到充分的理性，很多时候我们所谓的理性不过是以往经验的结果。

在问为什么的过程中，我们至少能达到两个目的：第一，我们知道什么是已知的；第二，我们了解什么是未知的。在这个基础上，我们就能通过已知去解决未知，达到我们的既定目标，取得发展和成功。

我们每一天都在强调怎样超越自己、超越对手，我们每天都告诉自己要比别人跑得快，要比别人做得好。其实，成功的秘密就在于谁多问了几个为什么上，想成功我们就必须比别人想得更周详、更细致，比别人更加理性。别人想到一，我们就必须想到三。这要求我们平时就要养成这样的思维方式与习惯，这样的习惯让我们勤于动脑，可以促进我们发现问题的内在规律，积极寻找推进工作的根本方法，再通过有力的执行去加以实现，那么我们的梦想就会很快变为现实了。

对我们每天的工作有深刻的理解和认识，对重要的观点和时下的问题有独到的看法，具有敏锐的洞察力和判断力，以及成熟的思考和发问能力，这些作为一个优秀的员工应具备的素质已经越来越受到企业家和管理者的重视。所以，如果你想在职场中独占鳌头，拥有更广阔的发展前景，从现在起就学着多问自己几个为什么吧！当你把这种行为变成一种习惯，你就会发现里面包含着的无限机遇和可能。

独立思考，在解决问题中实现自我价值

这个世界上的所有价值都是通过人类的思考换来的，由此可见思考对一个人来说是多么的重要。身在职场，你一定希望自己能通过自己的脑力劳动换得更丰厚的回报，实现自己更多的梦想，实现自身更高的价值。是的，有效的思考可以帮助你创造更多的价值，甚至有些时候连你自己都不敢相信，原来善于思考能够给自己带来如此丰厚的回报。

有效的思考涉及我们工作的方方面面，直接影响到我们能否顺利出色地完成上级交给我们的工作任务。有些时候很多人之所以不愿意努力地提高自己的思考能力，主要原因在于他们不知道该做些

什么，又应该怎么去做。也正是因为这个原因，导致他们在自己的职场生涯中成绩平平，永远找不到展示自己才华的机会。

迈克尔·奥利里于1991年接管濒临破产的瑞安航空公司。接手后不久，他就很快使这家航空公司成为欧洲旅游业内利润最高的企业之一。1999年当大多数欧洲航空公司都在苦苦挣扎时，瑞安航空公司总收入高达2.6亿美元，税前利润为5180万美元。

瑞安航空公司能在市场大环境不景气的情况下，取得如此良好的经营业绩，其关键在于公司首席执行官迈克尔·奥利里较早地认识到了航空旅游业存在的问题，并对解决策略进行了系统和理性的分析。

其实，奥利里的管理并不复杂，只是他比一般的管理者更善于发现问题、解决问题。当他发现公司亏损是由于机票价格太高使旅客流失时，便决定改变经营方针。首先，瑞安航空公司开始为一些欧洲机场，例如瑞典马尔默、伦敦北郊的卢顿和斯坦斯特德提供飞机。另外，奥利里还大幅度降低了机票价格：当瑞安航空公司开通飞往威尼斯航线时，往返票价仅为147美元，而英国航空公司是815美元。

奥利里的目标是使坐飞机成为更多的欧洲人能够负担的交通方式，同时公司还要赢利。1999年，在欧洲航空公司中排名第八的瑞安公司载客量是600万人。奥利里计划在五年之内使这一数字翻一番。但是一开始，计划实施得并不顺利，因为公司的成本总是居高不下。对此，奥利里没有坐在办公室里发脾气，也没有一味责怪下属，而是亲自下到各个分公司，了解情况。

通过调查研究，奥利里发现公司成本过高的原因是机场收费较高，而要解决这一问题的最佳方法就是逐渐将公司业务转到英国较小且收费也较低的机场，因为那里的乘客比爱尔兰多。找到问题的结症和解决方案后，奥利里立即实施自己的计划，将业务转移到了英国。现在约有55%的瑞安航空公司的乘客从英国机场起飞。

在奥利里解决了一系列问题后，瑞安航空公司不仅闯过了危机，而且由此建立了良好的运营机制，公司也逐渐摆脱了困境，走上了健康、良性的发展道路。

当遇到困难的时候很多人都会束手无策，认为这些问题根本没有办法解决，然而一些具有优秀特质的人却不这么认为，他们不但能发现问题，还能想出各种各样的好办法加以解决，更有甚者还能从中发现更多的机会和宝藏。其实在职场中，我们每天都在面临着各种各样的问题，有些问题很简单，但有些问题却看起来没有那么容易解决。一旦出现了疑难问题，先不要皱起眉头，摊开手说："没办法，这件事情根本没有解决的方法。"因为这个时候，你往往没有认真地思考过这个问题，相信只要你多给自己几分钟，在脑子里好好地思考一下这个问题就会发现原来它还是有解决的办法的。

在职场的工作中有两种类型的员工，一种人说："我有一个问题，那是很可怕的。"另一种人说："我有一个问题，那是很好的！"积极思考，善于抓重点的有效思考才能创造更高价值。但遗憾的是，我们并没有生活在一个"思考的世界"里，我们生活的每一天都承受着没有思考的恶果。员工不是在培养自己的思考习惯，而是在逐渐变得不爱思考。

许多人对思考的过程感到恐惧，认为思考是人的一种天赋的神性能力，人并不能加以控制。这种观点显然没有道理。思考并非上天专门赐给个别有福之人的专利，它是每个人都具有的能力。通过学习和实践的指导，我们每个人都可以获得这种能力，并改进这种能力。我们的大脑在活动时是有规律可循的，只要了解了这个规律，我们就能在生活的各个方面改善我们的思考能力。

如果有一个我们能够抓住问题尚未显露时的好机会，洞察它并寻求解决，那么，你就是懂得正确思考之要义的人。如果我们能形成一种有效的想法，并紧接着付诸实践，就能把失败转变为成功。

所以相信自己的能力吧，不管是在自己遇到问题的时候，还是在自己发现问题的时候，我们不应该马上急着皱起眉头，相反，我们应该兴奋，因为你展现自己非凡才能的机会终于到了。人生本身就是要经历一个又一个问题，我们应该在不断思考解决方案的过程中找到属于自己的快乐，因为这才是人生的真谛，这才是我们自身价值的体现。

如果你想提高自己思考的效率，就应该做一个批判式的思考者，也就是说在复杂的现实生活中，必须具备用经验进行正确判断的智慧和能力。如果不知道如何对信息进行分析、组织、评价和运用，使工作更有意义，而只是掌握了一些信息，这并不能使你变得更聪明。这也就是为什么需要改善知识的来源和自己的思考过程，以变得更加睿智的原因。

给自己做一个成功的职场规划

职场规划最大好处就在于，帮助我们将个人梦想、价值观、人生目标与行动策略协调一致，去除其他不相关的细枝末节，整合个人最大的优势与资源，从而向着终极目标快速前进，而这正是我们取得成功的重要保证。

在广州举行的一次营销精英颁奖会上，某著名房地产集团的营销总监陈晓成为其中的佼佼者。在回顾自己的职业发展经历的时候，这位身经百战的销售总监说了这样一段话："我今天之所以能够获奖，除了个人努力、机遇的垂青之外，明确的职业规划对我个人的发展，起了非常大的帮助……"

早在八年以前，陈晓只身一人从内地来到广州，在小企业做过销售，也推销过保险，有一段时间甚至失业，觉得前途一片渺茫。但就在八年的时间里，这个曾经身无分文的打工仔却一下子晋升成为一个年薪50万的营销总监，更重要的是他还明确地找到了自己的发展道路，沿着自己的梦想之路飞速前进。

在广州这个机会无限的大都市里，有许许多多像陈晓一样的人才，怀抱着梦想在这里努力打拼，盼望着有朝一日自己能够出人头地，实现更高的自我价值。但是，对于一个普通的职场人来说，很多人都找不到开启成功的密码。如果只凭努力就可以成功，那么广州满大街的人都会成为百万富翁；那难道是机遇吗？社会发展一日千丈，每时每刻都有不同的机遇从我们身边擦肩而过，但是真正能够抓住它的人却寥若晨星。或许陈晓说的是实话，职业规划才是引导个人走向成功之路的重要砝码，只有能够成功规划自己现在和未来的人，才能拿到那把开启成功的金钥匙。

对于一个职场人士来说，职业规划就是个人发展的一盏指路明灯，它让我们很清楚自己未来要走什么样的路，应该向哪个方向走。在这个竞争激烈的现代社会，一个对自己自身的资源与优势有透彻了解，明白如何根据个人核心优势去制定未来发展道路的人更容易成功，他也必然更容易实现自己的成功梦想。

再来看看下面这个典型的例子：

世界头号投资大师巴菲特，小时候是一个既内向又敏感的孩子，无论是学习成绩还是在生活中的表现，他与其他孩子没有一点区别，甚至在有些方面还不如别的孩子机灵聪明。很多人明里暗里嘲笑巴菲特，说他行动迟钝，思维缓慢，巴菲特却默默地将这一弱点转化为自己的一个最大的优点，那就是耐心；同时，他还逐渐发现他对数字有天生的敏感，并对其充满了浓厚的兴趣。

在巴菲特27岁以前，他尝试过各种各样的工作，做过销售、充当过法律顾问、管理一家小厂，但他认为那都不是他真正适合的工作，最终他结合自己的优点——耐心和他对数字的敏感，将自己的职业发展转向成为一名投资家。在这一明确的职业规划引导下，巴菲特拒绝了许多外来的诱惑，也忍受住了许多迎面而来的压力，坚定不移地按着自己的职业发展道路前进，最终成就了一番惊人事业。

规划的力量就在于它能够帮助人们实现自己的梦想，当思路越来越清晰，方向越来越明确，我们的脚步也会变得越来越坚定。一个认准自己未来的人，他的梦想将不仅仅只是一个梦，相反它是几个步骤，这几个步骤已经在他的脑子里演练过千百回，只要他愿意一步步地按照自己的想法走下去，最终一定会迎来属于自己的成功。

这时候一定有些人要问："我到底应该如何规划自己的职场未来呢？究竟我应该怎样才能拥有属于自己的成功呢？"一般来说，职场众人在给自己订立职业规划时，必须考虑到行业的特性与个人的优缺点，这样才能制定合理、有指导意义的职业规划。总结起来，大家一定要注意以下三点：

（1）根据自己的性格、特长与兴趣规划自己的发展目标

你有没有考虑过所从事的工作是不是自己所擅长的项目呢？不要小看了这一细节，它是职业生涯能够成功发展最关键的核心。如果你从事的是自己擅长的工作，那你一定会工作得游刃有余；因为从事自己所喜欢的工作，你一定会在工作中长时间保持一颗愉悦的心情。如果你所从事的工作，是自己所擅长又喜欢的，那么你必然能够快速从人群中脱颖而出。而这正是一个成功的职业规划最核心的内容。

（2）考虑实际情况，保证规划的可执行性

有些职场人士雄心勃勃，希望自己能在最短的时间内看到效果。其实很多时候，短时间内工作虽具有一定飞跃性，但路还是要一步步走的，更多时候还是要经历一个慢慢积累的过程，也就是资历的积累、经验的积累、知识的积累，所以职业规划绝对不能太过好高骛远，相反，我们要根据自己的实际情况，一步一个脚印，层

层递进，只有这样，才能在最终实现自己的梦想。

（3）职业规划发展目标，必须遵循可持续发展战略

职业发展规划并不是一个阶段性的目标，而是一种可以贯穿自己整个职业发展生涯的远景展望，所以职业发展规划必须具备可持续发展性。如果职业发展目标过于短浅，不仅会抑制个人奋斗的热情，还不利于我们个人的长远发展。

每个人都有自己的梦想，然而当我们遥望它的时候却总觉得它离我们太过遥远，正是因为这样很多人最终不得不选择放弃，因为他们根本就不知道怎样才能到达梦想的跟前。然而会规划的人却不会这样，他们会将一个大的目标分解成几个阶段，计划好自己的每一步路的形成，当他们达到了一个又一个的目标，拥有了一个又一个成就感的时候，却发现成功已经尽在眼前了。

巧获高薪，重在规划

学历也有，该拿的证书也拿了，可是为什么简历投出去总是没有回音？经验越来越多，事情越做越顺手，薪水却为什么一直不见涨？工作一直兢兢业业，认真负责，怎么会突然碰到玻璃天花板，再也上不去了？想过跳槽，可是为什么工作时间变长的同时，别人

开出的价格却无法达到自己的预期？难道是自己的竞争力出问题了？职业人士对自己职业问题的各种思考和困惑，我们已经听得太多了，那么究竟有没有解决的好办法呢？

有人说，在任何公司都可以得到高薪，只要你能体现足够的能力，能创造足够的价值。这话说得并不完全对。任何一个公司都有自己的薪资结构，绝大多数情况下，不会轻易改变自己的薪资结构去迁就某一个人的要求，而是会用一些变通手段如奖金等非固定支出方式来加以解决，而那些短期的临时性收入对个人长久发展而言意义并不是很大。通常我们获取高薪职位的方法主要有两种：职位晋升或者跳槽，而跳槽的主要目的往往也是为了职位上的满足。那么这种方式真的牢靠吗？究竟我们应该怎样为自己订立一个成功的职业规划呢？此时你的脑袋里开始此起彼伏，自己获得高薪的愉悦和快感，在它还没有到来之前就已经跃跃欲试，但就是想不出怎样做才能得到它。尤其是那些刚跨出学校的职场新人，满腔的雄心却找不到用武之地，他们渴望着成功，渴望着梦想的实现，但唯一缺少的就是一个方向，一个带着他们实现美好蓝图的方向。

下面让我们看一个成功的例子：

方娅的职业生涯道路很简单，硕士毕业后就一直在现在的 IT 公司工作，而 IT 业的薪酬一直居于各个行业薪酬榜的前列。从业三年，方娅开玩笑地说：“薪酬伴随行业竞争的加剧和经济环境的不景气，没有升过。”但是方娅早就跨入了 30 岁前年薪 10 万元的队伍。

方娅是如何获得这一职位，如何在 30 岁前实现年薪 10 万元的呢？这离不开她充分的知识积累和良好的职业规划。要知道 IT 业的

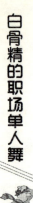

收入高，对从业人员的要求同样很高，跨进这个高薪行业也有着很高的壁垒。

工科出身的方娅，大学里学的专业是材料加工与自动化，但是专业之外，她不仅涉猎了自动化、计算机的知识，还对营销学产生了浓厚的兴趣。勤奋的方娅还花了很多时间在英语学习上，她的TOEFL和GRE分数都高得足以申请美国的名校。方娅很早就定位于IT行业，为此她不仅在专业上丰富自己的理论知识，硬件、程序、自动化等，在和导师一起完成项目的时候，也有意识地接触涉及计算机和自动化的部分，在项目和课题操作上提高了自己的实际动手能力。

更值得一提的是方娅找工作的历程。找工作的前一年，她的身影就经常出现在各个IT公司的招聘会场。毕业时，凭着出色的专业能力和面试技巧，方娅拿到了三家IT公司的OFFER。经过深思熟虑，方娅选择了现在就职的公司，因为她认为现在的公司拥有更大的技术优势和发展潜力。

方娅在公司从事的是技术翻译工作，尽管在公司的工作并不像她想象的那样富有激情和创造力，甚至可以说接近于枯燥，很多同事在工作不到一年的时候就选择离开了公司，但方娅却没有放弃，除了努力去适应公司文化，并在工作中调整自己的心态，此外技术翻译的工作也使她有更多机会接触到最前沿的技术动态，使自身的业务水平和知识能力得到了很大的提高。

结合自己的营销学知识、良好的外语沟通能力和技术积累，方娅给自己下一步的定位是到公司的海外部从事技术服务工作。方娅相信自己会在海外部得到更大的发展，她有信心能够获得这样的机会，她的"薪情"届时也会再上一个台阶。

方娅通过自己敏锐的职场规划，在短短的三年内实现了自己年薪十万的"高薪"梦想，然而这种梦想并非是她的终极目标，相信未来道路将更加精彩。比起那些一毕业就拿着简历迷茫徘徊的人来说方娅是明智的，也是幸运的，因为她已经很明确自己应该做什么，怎样实现自己的目标，这为她抢占先机取得了足够的优势。

虽然放之四海而皆准的高薪捷径的确并不存在，但通过对那些在不长的职场生涯成功博得高薪的人士的考察之后表明，赢得高薪并非无规律可循。规律之一就是：职业发展的第一个黄金五年是一个人职业生涯发展最关键的一个阶段，这次起跑的成功与否，直接决定了往后人生的发展方向。因此，选择了一种职业就是选择了一种生存方式，规划了一种职业生涯，就是规划了一种人生状态。

未来的"高薪族"，应该是掌握关键技术的专才，阅历丰富的通才，既掌握相关技术又熟悉市场经济和国际规则的复合人才。要成为职场的"常青树"，需要把握三个契合点：技能、专长、经历与职位要求的契合度；专业资质和等级与职业要求的契合度；综合素质与职业要求的契合度。只有善于扬长避短、善于挖掘自身潜力、善于根据时势要求和变化不断完善自我的人，才能抢先跨入高薪一族，在职场中"保值增值"。

由此看来，想成功拿到高薪还真不是一件简单的事情，只有早做规划，早做准备才能在竞争的浪潮中找到自己的位置，才能在最终更好地实现自身的价值，才能在通往成功的道路上不断进取，不断前进……

事实证明，越了解行业、职业的发展动向和发展轨迹，越早做出职业规划的人，越有机会获得高薪。但是具有独特眼光，发现潮流所在，对于获得高薪也有很大的帮助。一味地往热门行业钻，往往会受到人才拥挤带来的薪酬"稀释效应"。热过一阵的外贸风、蜂拥而起的 MBA 潮都给了我们一些提醒。由此不难看出，只有真正找到适合自己的职业，才能最终实现自己的高薪梦想，与此同时我们还将收获一种快乐、自信与从容。

提升自己的职业品位，树立与众不同的职业风格

职业生涯品位是衡量职业生涯质量高低的整体性概念，反映员工在职业生涯中处于怎样的水平面上。品位有高低之分。高品位的职业生涯是完满幸福的，低品位的职业生涯则是有缺憾的、不幸的。员工个人的素质不同，所处的环境不同，其职业生涯标准也不可能相同。没有固定的职业生涯模型，只有相似的职业生涯场景。

丽娜和欢子是同一科室的职员，都是搞新闻报道的，她们都能完成既定任务，丽娜的上稿量甚至还比欢子多。但丽娜平时一天到

晚很难有个笑脸，对于上司分配的工作虽然能够完成，但答应起来总不那么爽快，平日牢骚也不少。而欢子则工作主动，还能给上司提出有建设性的意见，为人乐观、爽快，乐于助人，很得上司的赏识和同事的拥护，因此在那次晋升室主任的竞争中，欢子无可争议地成为"独立候选人"。面对这种结果，丽娜恐怕不能再用所谓"讨巧卖乖"之类的话来贬损对方、发泄不满了。

每一个人都有着他别具一格的职业品位，和自己为人处世的一套职业风格。丽娜事情没少干却因为抱怨和一张死板的面孔得不到上司的青睐和大家的拥护，而欢子的微笑，和乐观助人作风却为她迎来不少赞许的目光，这就是职业品位和职业风格的差异，一个具备优良特质的人往往会像欢子一样，用一种阳光的心态去感染身边的每一个人，同时在无形中也为自己的未来铺平了道路。

如果你的职业生涯活动与你的个人生活能够融为一体，把职业看作是发展自己、服务社会、创造财富的工具和手段，超脱私利牵绊，达到进退有序、行止从容、得失坦然那样一种境界；清贫也罢，富有也罢，坎坷也罢，都不辱没你的生涯使命，都不会影响你的生活潇洒；你有远大的职业生涯目标，所以能看得开眼前的一切，知道什么时候需要为了生活而工作，什么时候需要为了工作而生活。这种职业生涯就是高品位的。

如果你的职业生涯活动与你的人生活动相脱节，把职业看成无足轻重的东西，充其量当成点缀生活的小道具，采取不负责任的态度对待职业生涯，随心所欲，低级庸俗，想干什么就干什么，想怎么干就怎么干，把职业生涯搞得乌烟瘴气，一塌糊涂；你非但没有在职业生涯中体现出人生价值，反而通过职业生涯来糟蹋人生，整天喝自己酿制的苦酒，根本体会不到职业生涯的欢乐和幸福。这样的职业生涯就是低品位的。

两者互相比较，你就能很清楚地明白自己应该向哪个方向努力前进了。每个人都不希望自己走在被淘汰的边缘，每个人都想拥有一番属于自己的事业，但是当梦想还在远方的时候，我们首先要考虑的是如何树立好自己的职业品位和工作的职业风格。只有这样我们才有真正的未来，只有这样我们才能不断地超越自己，使自己在职场的竞争中拥有自己的一席之地。

那么我们究竟应该具备怎样的职业风格呢？看看下面的几点，只要你能认真地做到，就一定能够在自己的职场生涯中，步调稳健地上到一个新台阶：

用亲和力、友善武装自己

彬彬有礼，这当然不错，替别人考虑周到，这当然也是一种礼仪风范。因为人们总是特别注意而且愿意与那些可以在各个方面都帮助他们完成目标的人一起工作。大多数的人只关心自己的事业，只关心如何取得别人的关注，却对整天与他们一起共事的人漠不关心。如果你能善待身边的每一个人，如果你能视每一个人都同等的重要，那么你绝对会成为一个受人欢迎的人。

与公司同甘共苦

在公司需要的时候，加班加点也许会让你产生过度劳累的感觉，但因为是公司的需要，有远见的人是绝对不会太计较的。如果一位员工因为被派往条件艰苦的部门和地区工作而大为不快，怠工挑衅，显然他是没有远见的，因为这也许是老板提拔他之前的一项考验。

不要为薪水而工作

许多年轻人，当他们走出校园时，总对自己抱有很高的期望值，认为自己一开始工作就应该得到重用，就应该成为"高薪族"中的一员。他们在工资上喜欢相互攀比，似乎工资成了他们衡量一切的标准。但事实上，刚刚踏入社会的年轻人缺乏很多的工作经验，公司是无法委以重任的，薪水自然也不会很高，但这却经常引起他们的怨声载道。之所以出现这种状况，主要原因在于人们对于薪水缺乏更深入的认识和理解。大多数人因为自己目前所得的薪水太微薄，而将比薪水更重要的东西也放弃了，这真的是太可惜了。

不要为薪水而工作，因为薪水只是工作的一种回报方式，虽然是最直接的一种，但也是最短视的一类。一个人如果只为薪水而工作，没有更高尚的目标，并不是一种好的人生选择，受害最深的不是别人，而是自己。

建立属于自己的风格不是一件容易的事，但如果经常保持自己的特色，让别人一眼看去认为这只会是你，而不是别人，那将是一件多么令人惬意的事。在职业规划中，让自己成为与众不同的人是很有远见的。

你的学习力，直接影响到你的职场竞争力

提到学习，很多人首先想到的就是桌面上摆着厚厚的一摞书，面前放着考试倒计时表，为了一张成绩单拼死拼活地死背书……不可否认，那也是学习，只不过那种学习是被动的学习，是应试教育体制造成的学习状态。走进了职场，你必须改变自己的学习策略，变被动为主动，只有这样你才会在职场的竞争中处于不败之地。

对于今天的我们而言，学习已经成为不可忽视的一种需要，知识经济的增长带动着整个世界的变化是知识的快速更新和整个人类步伐的加快，在这样的社会，我们疲于奔命，却总会在某一个时刻发现自己已经不能适应这个社会的高速运转。时间在流转，我们在一天一天地变老，世界却在一天天更新，我们与世界的差距在不知不觉间扩大。于是，我们知道自己的生活需要知识的填充，需要知识的完善和积累。所以，学习已经成为职场人必须要做的事情。

学习是提高自身竞争力的主要途径，如果你要想事业有所成就，如果你想使自己的人生富有意义，就一定得把终身学习当做你的人生信条。

学习过程不是一蹴而就的，我们需要学会如何在工作中学习。不要担心自己现在努力是否还来得及，只要你愿意，什么时候学

习都不算晚，因为年龄从来就不是学习的敌人，你的敌人只有你自己。

作家莱辛曾说："人的价值并不取决于是否掌握真理，或者自认为真理在握。决定人的价值的是追求真理的孜孜不倦的精神。"人生终究是自己的，不管是命运还是机会，都要靠自己去创造或改变。因此，我们一定要在工作中坚持学习，从而提高自己的竞争力，职场竞争尽管残酷，学习却是以不变应万变的最佳应对之策。

那么究竟我们应该怎样提高自己的学习能力呢？究竟我们应该怎样做才能最快地通过学习提高自己的职场竞争力呢？看看下面几点，希望能够对大家有所帮助：

广泛吸收外部信息

我们要以自身学习能力的提高为前提和基础，毕竟个人的知识水平是有限的，想让自己有所提高，你必须学会广泛吸引外部的信息知识、资源和变化，并乐于尝试新思想和新经历。这也是个人良好修养的一种表现。只有不故步自封、固执己见的人，才会真心倾听他人的想法并对他人的主张做出公正的评价，从而使自己达到取长补短改进自己的目的。

实践出真知

一位爱好写作的青年曾经向鲁迅先生请教"成功的秘诀"。鲁迅拉着他的手一起来到海边，要他下水游泳。这位青年一下子怔住了，急忙掏出一本《怎样学游泳》的书，坐在礁石上看了起来，只有两只脚一起伸进水面搅来晃去。鲁迅先生就问："这本书你以前看过没有？"青年答道："看过五六遍了，但总觉得没有全部背熟……"鲁迅说:"我来帮帮你!"说着,便把这位青年推进水里,结果这位青年终于在游泳中学会了游泳。

有些知识我们必须在实践中才能学到,只有真正在实践中获取知识,我们才能从游泳中学会游泳。

善于发掘"点子"死角

"一个点子的好坏,不是看它是在组织内的哪一个层级酝酿出来的……点子可以来自各个方面。所以我们可以翻遍整个地球去找寻好点子,我们可以用自己已拥有的与其他人进行交换。我们一再要求要提高标准保佑我们不断地和他人交换点子才能达到这个目标。"

这是通用总裁韦尔奇说的一段话,这里借用这句话来说明提高学习力有时就是在不经意的事、不起眼的人身上得到。所以,你一定要有一双发现"点子"死角的眼睛。

经常内视自我

有位名人说过这样一句话"吾日三省自身",说这是他之所以成功的秘诀,这就是所谓的自省。人们在各种活动中必须要经常自省,不断地审视自己。因为据社会心理学家研究表明,人们在对事物进行归因时,通常是把积极的结果归因于自己,把消极的结果归因于情境。如果这样,你很难做到主动、积极、公正地审视自己。

因此,我们要提高自身学习能力就必须要勇敢、主动、客观地反省自身情绪、思维及能力,准确评估组织及客观世界,勇于打破旧的格局,创建新的发展要素。正如狄更斯所言,不论我们多么盲目和怀有多深偏见,只要我们有勇气选择,我们就有彻底改变自己的力量。学习能力的提高也是一样。

人无完人，任何人都有自己的缺陷和相对较弱的地方。也许你在某个行业已经满腹经纶，也许你已经具备了丰富的技能，但是对于新的企业、新的经销商、新的客户，你仍然是你，没有任何的特别。你需要用空杯的心态重新去整理自己的智慧，去吸收现在的、别人的、正确的、优秀的东西。

俗话说，活到老，学到老。当代社会科技发展日新月异，知识在加速折旧，"一次性学习时代"已告终结，取而代之的是终身学习、全员学习、全程学习、团队学习和超速学习。知识积累通过学习，创新的起点在于学习，环境的适应依赖学习，应变的能力来自学习。学习力已经成为个人立足社会，企业立足市场的竞争力！好好学习，天天向上，是我们从小听到大的一句话。现在，你还在天天学习吗？

未来社会的竞争既是人才的竞争，更是学习能力的竞争。作为职场中的团队成员以及独立个体，应该在自身职业生涯的规划下，不断地提高自己的学习能力，把企业提供的学习机会和自身的学习有机结合起来，不断提高自己，这样才能谈得上发展。

在学习中不断实现自我超越

在这个竞争日趋激烈的社会，我们都热切渴望取得成就。但是，一旦你被认为是真正取得了成功，拥有了一份让你活力四射又能拿高薪的工作，接下来会发生什么呢？你可能很容易满足于你取得的成绩和你完成工作的方式，甚至感觉没有多少东西需要学习了。但在当今的经济环境下，你不能停下脚步休息片刻，尽管它充满了诱惑。要不断地为自己充电，不断地超越自己。

有位名人说过，一个人文化基础差，但追求不能差；知识水平低，但志向不能低。只要不断学习，就能超越自我；只要不懈努力，在平凡的岗位上一样可以创造不平凡的业绩。这样积极进取的员工，才是企业最需要的员工。

一个人最难战胜的还是自己，超越自我其实就是一个不断挑战自我、战胜自我的过程。这需要我们全心投入，锲而不舍，勇于挑战自我。正如美国哈佛大学著名心理学家威廉·詹姆斯所说："生活中的成功并非取决于我们与别人相比做得如何，而是取决于我们所做的与我们能够做到的相比如何。一个成功的人总是和他自己竞争，不断刷新自我纪录，不断改善与提高。"

南卡罗来纳州的莱西很快就升为宪兵的头目，并得到了很吃香的美国陆军犯罪调查司令部测谎员的职位。莱西说，他很自信，只崇拜我自己。他会在测谎前或根据测谎结果强迫嫌犯招供。但他并未从中了解到犯罪分子更可能会向他们喜欢和信任的人招供。莱西说，我的业绩落到了其他测谎员的后面。

莱西并未认识到他需要改变，直到有一天他的上司对他进行调动，并说如果他的招供率再不上升，他就会被解雇。情急之下，他开始研究法庭审问学，在实践中努力从情感层面切入审问话题，并学习了领导力、咨询和心理学的课程。最终，莱西在他的岗位上再度获得了晋升，成为了一名测谎高手。

知识经济时代要求每个人都必须不断学习各种知识，以充实和完善自己。在现代职场中，为了使自己永远立于不败之地，为了能不断地进行自我超越，就一定要不断学习，养成良好的学习习惯。只有这样你才能在自己的岗位上做出一番突出的表现。

在竞争残酷的市场环境中，职场人只有不断超越自我，才能在这块没有硝烟的战场上守住阵地，才能不至于过早地被别人取代。那么，究竟我们应该如何做才能不断地超越自我呢？一般来说，要想不断地超越自我，你需要做好以下几个方面：

好导师可遇不可求，做好自己最重要

职场中的"好"老师，对职场人的影响最重要，但是好的职场导师却是可遇而不可求的。在职场中，新人跟随导师的过程其实就是一个积累宝贵经验的过程，但真正的职场是没有固定导师的，所以每一个给你帮助的人，都可以算作是你自己的职场导师，但前提是他一定是在自己岗位、技术、专业的范围之内，因此，在整个学习的过程中，一定要懂得辨析，哪些是糟粕哪些是精华，在自己的职业目标规划和发展的领域内，找到对自己有用的人。

在职场中，往往都是遇到的对手多于帮手，这种现象是很普遍的。我们也可以把对手看做是自己的"导师"。无论对手是真正的强人，还是存心有意地排挤你，必将给你带来不小的压力，这种压力可以成为你前进的动力，支持着你不断地向前，不断地进取。我们可以从强者中学到本事，受到排挤时可以也学着忍耐，这对自己来说都是一笔不小的财富，因此，"职场导师"没有准确定义，职场人只要做好自己，学到前辈好的一面，并能为自己所用，就一定可以成功。

不懂装懂是自我超越的瓶颈

无知的人并不可怕，可怕的是无知的人偏偏要摆出一副博学的架势，仿佛自己什么都懂一样。俗话说得好，没有调查就没有发言权，许多知识都来源于广泛深入的实践，就像长年生活在海上的海鸥，对大海的情况自然是了如指掌。至于没有亲身体会，凭空想象而得出的那些结论，都是靠不住的。不懂装懂暂时可以把自己塑造成"万事通"，让你对目前的状态很满足，但你从此也就无法看到自己的缺点和不足，也因此而裹足不前。这是自我超越过程中的一个瓶颈，想突破它，你就需要从现在开始行动起来，不断地学习，不断地进步。

重视学习是自我超越的前提

如果一个人轻视他自己的工作，而且将它做得很粗陋，那绝对是一种对于自己的不尊重；同样，如果一个人认为学习很烦闷、毫无价值，那他也休想在未来的发展中得到机会。因此，不管在什么状态下，都不要对自己的工作、学习产生厌恶情绪。如果你为环境所迫，不得已而做些乏味的事务，也要清楚地认识到事情的价值和意义。只有这样才能竭尽全力去做事。一个对学习、工作充满热爱的年轻人，他的感觉会因此变得敏锐，可以在别人看不到的地方发现动人的美丽。这样，即使枯燥的学习、乏味的工作都可以承受下来。有些作家在写作时，像被激情点燃似的，昼夜写作，废寝忘食。他们靠的是热忱，写出来的作品往往也动人心弦。价值产生信心，信心产生热忱，而热忱会征服世界。

学习是创造力发挥的源泉

创造力是激发员工所有的潜力与释放新能量的最强有力的方式之一。强化创造力的方式，包括不排斥各种新的可能性、新的沟通方式与特殊的解决之道。我们的最终目的是人尽其才、拓展个人极限，而这一目的的实现离不开学习，因为个人的创造力从根本上取决于其学习能力。

卓越者和平庸者的距离，并不像大多数人想象得那么大。两者的差别有时仅仅在一些小小的习惯和动作上面：每天花五分钟的时间多阅读、多打一个电话、多努力一点，在适当时机的一个表现、表演上多花费一点心思，多做一些研究或者是在实验室中多试验几次而已。

作为一个职场人也是一样，只要我们每天突破一点点，那么一年就进步365个一点点，持续这样做，就能不断进步，实现自我超越。每天一点点，是我们工作所需要的，也是我们一辈子的事情，这就是我们每天的目标。

白骨精箴言

　　一旦打开学习的金矿，员工们就会主动地实现自我超越，而这恰恰是提升人力资本的资源，在大多数人已将工作作为某种精神需求的今天更是如此。求知是一种本能，人类对知识的追求是破译成功之门的金钥匙，是带领我们从无知到有知、从少知到多知的拐杖。因此，我们内心对新知识、新技能的渴望必将成为我们自我激励的动力来源。

第八章

系好舞鞋，踮起脚尖
——绕开雷区，注意职场潜规则

在如今的职场中，能够毁坏你职业的危机比以往任何时候都要多。Twitter 上一条不当的留言、在 Facebook 发布的一次错误信息，一封过激的电子邮件。所有这些都可能会毁掉你在其他方面辛苦建立的显赫名声，这些还有可能在你同事那里成为笑料。

由此看来，职场中的雷区和潜规则还真的不少，如果一不小心陷了进去，想上来可就没那么容易了。是的，职场是一个没有硝烟的战场，想在这场战役中打出自己的精彩，并不是一件容易的事情，也许我们做不了至高的将军，但至少我们可以保全自己的安全。常言说得好："知己知彼，百战不殆。"只有真正了解职场的形势和真相，才能找到一条安全的突破口，才能灵巧地绕过潜规则，实现轻松扫雷的壮举。

不要让这些困惑牵绊了你的升职计划

在办公室这个没有硝烟的战场中，既有诱人的美丽果实，也有看不见的陷阱和雷区。如果你战略正确，战术对头，升职和高薪的诱人果实就在前面等着你采摘；如果你粗心大意，误打误撞，那在前面等着你的就是数不清的陷阱和雷区。所以现在开始小心翼翼地抬起自己的脚尖吧，前面的路还很长，不要让那些无休止的困惑牵绊了自己的升职计划。

那么，怎样扫清升迁路上的障碍和困惑，怎样从小事做起，为自己的升职答卷加分呢？看看下面的一些注意事项，相信你一定能在职场路上走得更远、走得更漂亮！

千万别在小处翻船

"办公室里无小事"，要知道有很多小事都可能暴露出你的缺点，让领导对你的人品或者能力产生怀疑，所以平时就应该注意细节，否则一不小心就可能稀里糊涂地做了职场炮灰。比如上班打私人电话、聊天、迟到（哪怕是几分钟），这样的事只要你做过一次就代表了你可能经常做；对于某些重复性劳动，你想偷个懒、做点假、少干点活，除非当时就你一个人，否则，你不要指望着同事会为你保密，即使他们也做过。要明白，许多双眼睛正盯着你，准备着抓你的小辫子呢，不要认为别人也做了与你同样的事而没受到惩罚，所以你也会逃脱，也许杀一儆百的事正好轮到你头上。

管好你的嘴巴

你跟客户的会议进行得非常顺利，眼看一票大订单就要到手，俨然已经听见了胜利的号角，这时候的你内心激动万分，莫名其妙说了这么一句话："3 个月以后我们公司可能要重新改组，到时候也许会出台对您更有利的政策……"

要是你的上司就在你身边，估计脸一定会阴沉下来。不管在什么情况下，泄露公司未来发展的机密都是一项重大过失，你的事业也很有可能因此中止。你现在要做的，就是赶紧实施补救措施。比如说，你可以找个没人的角落给客户打个私密电话，拜托他千万不要把刚才的傻话说出去。然后就只能耐心地等待了，说不定过不了多久，这就变成众人皆知的秘密了。

别犯了"顺手牵羊"的错误

下班了，你随手把一叠打印纸塞进包里，只是因为家里的刚好用完了，自己又懒得跑那么远去买，但就在你把纸往包里放的时候，忽然看见行政部经理板着一副死面孔站在你的面前，而那些唯恐天下不乱的同事，已经开始往老板办公室走了……

不要觉得这只是件小事！它很有可能成为你断送自己未来的关键时刻，往大里说，这还是人赃俱获呢。你要做的，就是先保持冷静，然后平和地解释一下原因，因为最近加班太多，实在没有时间去买，并且记得说明，自己打算明天就去买了补回来。无论什么时候都要谨记：千万别把公司当成自己的家那么随意，因为你不是老板，所以不要因为小利而断送了自己的前程。

上班时间，"走私"行动不可取

公司给你换了台新电脑，但是原来那台旧电脑里的很多私人信息，你竟然忘记删除了。这下完蛋了，你的上网记录、聊天记录、私人邮件，甚至你上班时候写的日志，都被后面那个新接手的人看得一清二楚。最要命的是，他还发现你用公司电脑下载了刚上映的新片，这时候大家才发现，原来经常堵住了整个公司服务器的罪魁祸首是你……

这种事情的发生应会让你非常尴尬，而且也的确会影响你的发展。你必须要分清楚什么是公，什么是私，千万不要再把私事带到自己的工作中。如果你真的效率很高、动作非常快的话，宁愿早点下班，也不要做自己的私事。如果你觉得早下班不好，不妨跟领导谈谈，看看你是不是还可以承担更多的任务。当然，如果你非做这些私事的话，记得一定要消灭证据哦。

升职，多少个梦中你为了这件事情而百般纠结，为了这件事情你处心积虑，为了这件事情你奋发图强，但是突然有一天你一不小心掉进了职场的雷区，刹那间一切都结束了，这正是你付出惨痛代价的。不要紧张，只是给你提个醒，不该做的事情一定要想清楚，及时扫雷，及时改变自己的作战方案，你的升职道路才会越走越平坦。

千万别做老板不喜欢的人

身在职场，最希望获得老板的肯定与认可，因为老板的肯定与认可预示着你美好的前程。于是大多数职场中人都会按自己的方式去努力，以得到老板的青睐。可恰恰有许多人即使工作很努力，甚至有很好的业绩，不仅得不到老板的承认，甚至老板会对其表现出明显的厌恶情绪。这究竟是怎么回事呢？

你希望自己成为老板器重的人，但是却经常忘记老板的周围也是布满雷区的。万一哪步没走好，必然会付出惨痛的代价，俗话说："伴君如伴虎。"尽管你工作很努力，尽管你业绩很突出，但是如果没能给你的老板一个好印象，一切就跟没有没什么区别。他是这个公司的主宰者，尽管他每天都在说着："我们是平等的。"就算他经常用一种和蔼的笑容面对身边的每一个人，但是你绝对不能掉以轻心，因为一旦有一天他的眉头皱起来，甚至对你龙颜大怒，那么即便你再有能力也很难扭转局面了。这个世界上，因为和老板合不来而被拒之门外的人才太多了，当你成为老板不喜欢的人，不但你在公司没有好日子过，而且你的前途也会因此而昏暗渺茫，更不用说什么升职加薪了。

那么如何才能搞定你的老板呢？也许你不会成为他最喜欢的那个人，但至少你可以避免成为他最不喜欢的那个人。也许他对你没有那么多的笑容，但至少他不会在想发脾气的时候第一个想到你。也许你升职加薪步履艰难，但总要比失掉工作看着更有希望一些。不管怎样，在职场上混，没有那么容易，千万不要往老板的枪口上撞，更要认清当下的形势，千万别招老板不待见，否则麻烦可就大了。

还是让我们了解一下，老板眼中最不喜欢的人都是什么样的，必定只有站在他的角度你才能更清楚地了解他的眼光、他的思想。

薪水太高，贡献平平

虽然你的薪水随着年资和公司成长愈来愈高，但你却无法提供其他附加价值。和同业比起来，你薪水明显偏高，这时候就需要特别小心了。因为没有独特的附加价值的员工，很容易被更年轻、要求更低的人才取代。作为老板，通常是能少给一分钱就少给一分钱。找个机会，换换血也是一种节省成本的方式。

居功自傲，目无老板

尽管你对公司有些贡献，但你绝不能居功自傲，假如老提出一些过分要求，索要过度资源，甚至不把老板放在眼里，那你的好日子就快到头了。这个世界缺少了任何人都照转，公司其实也不会真正离不开谁。正所谓"快马先死，宝刀先钝，良木先伐"，职场上，先被枪毙的往往都是些牛人。

随随便便，公私不分

这种现象一般都会出现在公司老员工身上。他们自以为对公司作出过较大贡献，在行为上就开始不拘小节，经常把公司的资源拿来私用。小到一张纸、一支笔，大到电脑、汽车仿佛这些东西原本就是自己的。他们经常用公司的电话解决私人问题，在工作的时间干私活，等等。对这样的员工，老板虽然有时碍于面子不便当面表示不满，但内心却是很有意见的。他也许会找一个别的理由发作，到时候让对方死都不知道怎么死的。

夸夸其谈，从不自省

有一些员工倚仗自己某些方面有优势，就开始目中无人，自认为对公司内、外一切事务明察秋毫，了如指掌，遇到事情总喜欢高谈阔论以表示自己无所不能。在他的眼里，公司的其他员工都是无能之辈，毫无用处。取得一点成绩就开始沾沾自喜，到处炫耀，从来不懂得自我批评、自我反省是什么东西。这就犯了职场的大忌！一旦被老板发现，他一定会皱起眉头。

只说不做，缺乏执行

面对问题只会挑剔这个，质疑那个，却根本拿不出解决问题的方案，有了方案也不能细化执行。什么时候都要记住你不是外面的咨询顾问，能够站着说话不腰疼。当实实在在的问题摆在面前，如果没有解决问题的能力，只会抱怨推托，时间长了，不但你的老板会失望，手下人也不好管了，这时候你将会走到被踢出局的边缘。

行动过急，同时发动

大多数作"空降兵"的朋友常犯一个毛病：步子走得太快，而且同时发动太多的事情。新官上任，理念宣导、战略调整、结构重组、业务撤并、人事调配。殊不知，各种固有的矛盾在新的环境中会重新激化，相关利益方在协调各自的位置，外来的和尚在念完了经后才看到了血淋淋的残酷现实，曾经的激情和狂热逐渐被冷静和怀疑所代替；当利益各方的矛盾激化到一定程度，"空降兵"常常会成为被迫出局的替罪羊。

立场不稳，站队错误

一个人在组织中的地位取决于"距离"。位置、资历、和老板

的个人交情、对别人的影响程度、在组织中发言的活跃程度等，往往是测定这种距离的要素，人们在这种既定的距离中维持一种平衡。一旦换了新的老板，原有的平衡势必将被打破、当新的平衡还没有建立的时候，站队就显得非常关键，如果此时站错了队，也许从今以后就再也没有改错的机会了。

树敌太多，自视太高

有些水平的人才常恃才傲物，凡事都以自我表现为中心，觉得大家都得围着自己转，沟通技巧又欠佳，所以处处树敌，引发众怒，成为众矢之的的代表人物，为了照顾全局，稳定军心，老板当然会长痛不如短痛，将一切结束了事。

有以上几种行为的员工，即使其业绩显著，也不会被老板看重的。如果你真的想成为老板眼中的红人，被老板赏识与看重，就必须首先杜绝以上行为在你身上发生。在此基础上，加上你的才智与努力，被老板认可就不再是难事了。

老板永远都是老板，与其跟上时代的潮流，不如迎合老板的看法。也许你很想得到老板的器重，也许你真的很想在众人面前一展身手，但是首先你必须做到审视自己，看看自己身上有没有什么缺陷和老板看不上的习惯。如果真的有，那你一定要小心了，及时地弥补，及时地改过，争取在老板发现之前把这一切统统搞定，只有这样你才不至于被他身边的雷区炸得粉身碎骨。

参透黑白，明晰职场潜规则

职场风云变幻，说复杂很复杂，说简单其实也很简单，每天准时上班，按时到家，然而那战斗一样的几个小时，却需要我们投入百分之百的精力。除了做好自己的本职工作，我们还必须遵守那些微妙的职场游戏规则，如果这个时候你不小心犯了规矩，那你很可能就会被淘汰出局。太啰嗦，也不知说什么。

下面让我们一起来看几个例子，希望你从这些经典的案例中，得到一些顿悟，在今后的职场生涯提高警惕，千万不要犯和他们一样的错误：

（1）职场没有百分之百的公平

赵明明刚进公司做计划部主管时，除了工资，就没享受过另类待遇。一个偶然的机会她得知行政主管宋佳的手机费竟实报实销，这让她很不服气！想那宋佳天天坐在公司里，从没听她用手机联系工作，凭什么就能报通讯费？不行，她也要向老板争取！于是赵明明借汇报工作之机向老板提出申请，老板听了很惊讶，说后勤人员不是都没有通讯费吗？"可是宋佳就有呀！她的费用实报实销，据说还不低呢。"

老板听了沉吟道："是吗？我了解一下再说。"

这一了解就是两个月，按说上司不回复也就算了，而且赵明明

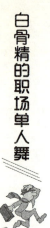

每月才一百多块钱的话费，争来争去也没啥意思。可是偏偏她就和宋佳较上劲了，见老板没动静，她又生气又愤恨，终于忍不住和同事抱怨，却被人家一语道破天机："你知道宋佳的手机费是怎么回事？那是老板小秘的电话，只不过借了一下宋佳的名字，免得当半个家的老板娘查问。就你傻，竟然想用这事和老板论高低，不是找死吗？"

赵明明吓出一身冷汗，暗暗自责不懂高低深浅！怪不得老板见了自己总皱眉头！从此她再也不敢提手机费的事，看宋佳的时候也不眼红了。

其实有些事情，你只看到了表面现象，但这不一定能成为自己申诉的证据或理由，对此你真的没有必要愤愤不平，等你深入了解了公司整个的运作文化，慢慢熟悉老板的行事风格，一切也就变得见惯不怪了。

（2）即便是闲聊，也要避开上司的软肋

总公司的公关部经理陈硕初次来办事处指导工作，中午请部门同事一起吃饭，席间谈起一位刚刚离职的副总蒋欣，入职不久的张晶说蒋欣脾气不好，很难相处。陈硕说是吗，是不是她的工作压力太大造成心情不好？张晶说我看不是，三十多岁的女人嫁不出去，既没结婚也没男朋友，老处女都是这样心理变态。

闻听此言，刚才还争相发言的人都闭上了嘴巴。因为，除了张晶，那些在座的老员工可都知道：陈硕也是待在闺中的老姑娘！好在一位同事及时扭转话题，才抹去陈硕隐隐的难堪，而事后得知真相的张晶则为这句话悔青了肠子。

古人有句话时刻在提醒着我们说话一定要小心，那就是所谓的"言多语失"，有些事情我们也许不了解，但还是最好不要在上司面前说一些不该说的话。尤其是在错误的时间错误的地点和错误的对象说了一句涉及具体人事的大实话，那后果真的既尴尬又难堪。

（3）别和同事扯上经济账

市场部主任果果就曾当了一次尴尬的杨白劳！那次时值月底，正是她这种月光女神最难挨的痛苦时光，偏偏又赶上交房租，囊中羞涩的果果只好向同事丽丽求助，第一次开口借钱，丽丽自然不好拒绝，很痛快地帮她解了燃眉之急，可是2500块钱也不是一时就能还清的，拮据的果果只好一次次厚着脸皮请人家宽限，最后一次，丽丽回答果果说不着急，前几天给女儿交学琴费倒是用钱，不过我已经想了办法。果果没心没肺地连声道谢，过后就被"好事者"指出其实人家是在暗示你还钱呢，再说了，你满身名牌会还不起这2500块钱？谁信？话里话外都在影射果果的赖账。果果心里别提多么不舒服了，第二天马上找到同学拆墙补洞，才算暂把这一层羞给遮住，至于日后是否留下不良口碑，果果却是想也不敢想了。

即便是再好的同事，也无法像朋友一样有着相互帮衬的道义，大家是为了挣钱和事业才走到一起相互协作的战友，而不是和你患难与共，共经风雨的瓷器。所以像这种经济方面的事情，还是不要随便张口，即便借给你钱的人没什么意见，也会被旁边那些说三道四人的唾沫星子所淹没。

看了上面的几个例子，你有没有在自己的职场生涯中看到一些相似的影子呢？的确，职场的处世之道还真是微妙，这就是我们不得不遵守的潜在游戏规则，一旦你触犯了它，必然会给自己今后的发展带来不小的麻烦。不管它是黑的还是白的，还是让我们多加小心吧。不管什么时候，在脑子里多转几个弯，还是吃不了亏的。

与白纸黑字、公众认可的显规则不同，职场潜规则恰如摆不上桌面的小菜，从不会大鸣大放地写在告示板上，却需要你明心亮眼地默默参透，才能避免接二连三的尴尬糗事。所以当我们身处职场的时候，一定要多看、多听，管好自己的脑袋和嘴巴，只有这样才能有效地降低因为触犯了潜规则而犯错的概率。

别碰了对方的"逆鳞"

再温和友善的人，他的内心中也有着一片不可侵犯的天空。也许它是儿时的一段经历，也许它是对自己缺陷的一种无奈，总而言之只要一提起它，心里就会隐隐作痛。在我们的职场生涯中，很多人说话都很随意，从来不会在乎对方的感受，然而正是这个不好的习惯，经常会把原本和谐的气氛搞砸。他们不知道在每个人的心中都有一部分"逆鳞"，而这片"逆鳞"是不允许任何人侵犯的。

在中国古代的传说里，龙的喉部之下约直径一尺的部分上有"逆鳞"，全身只有这个部位的鳞是反向生长的，如果不小心触到这一"逆鳞"，必会被激怒的龙所杀。其他的部位任你如何抚摸或敲打都没关系，只有这一片逆鳞无论如何也接近不得，即使轻轻抚摸一下也犯了大忌。

所以，我们可以由此得知，无论人格多高尚多伟大的人，身上都有"逆鳞"存在。只要我们不触及对方的"逆鳞"就不会惹祸上身。而所谓的"逆鳞"就是我们所说的"痛处"，也就是缺点、自卑感，在人际关系的发展上，我们有必要事先研究，找出对方"逆鳞"的所在位置，以免有所冒犯。

小李从卫校毕业后，直接到附近的一所医院当护士，试用期三个月，合格的话就会被留用，她的运气确实不错。嘴甜、勤快使得医院里的护士都很喜欢她，尤其是护士长赵姐，对她就像亲妹子一样。眼看三个月的实习期就要满了，小李却在这时犯了一个致命的错误。一天午休时，几个护士聚在一起闲聊，小李突然问了赵姐一句："赵姐，你家孩子几岁了？怎么不带到医院来玩啊！"大家都愣了，赵姐勉强笑着回了一句："啊，我还没要孩子呢！"一名老护士连忙岔开话题说起了旅游的事，偏偏小李没眼色，又补了一句："赵姐，那你可得抓紧时间了！不能只顾着事业呀，没有孩子可是女人一生最大的遗憾哪！"小李自以为话说得很得体，没想到话音刚落，赵姐就脸涨得通红，大骂了起来："你算哪根葱哪头蒜，我的事你管得着吗？"小李目瞪口呆，委屈地直哭，把赵姐劝走以后，一名老护士才告诉小李，赵姐根本不能生育，在这家医院里，关于孩子的事，大家是连提都不敢提的！

结果可想而知，小李的实习不合格，被退回学校去了。小李错就错在太过冒失，不该触人痛处，当赵姐回答没要孩子，其他护士又岔开话题的情况下，实在不应该再继续问下去，但她偏偏又自以为是地加了一句，结果惹了大祸。

每个人总有自己的弱点、缺点或者污点，在和对方谈话时一定要避开这些他（她）所忌讳的东西，因为忌讳心理，人皆有之，就连鲁迅笔下的那位惯用精神胜利法的阿Q也有忌讳。虽然他惯用精神胜利法安慰自己，因而少有耿耿于怀之事。别人欺他骂他，他能控制自己，心理很快能平衡，唯独忌讳别人说他"癞"，因为他头皮上确有一块不大不小的癞疮疤。只要有人当着他的面说一个"癞"字，或发出近乎"赖"的音，或提到"光"、"亮"、"灯"、"烛"等字，他都会"全疤通红地发起怒来，口讷的便骂，力小的便打"。

在封建时代，这种忌讳心理发展到登峰造极的地步便是大兴"文字狱"，许多文人学者因犯了当权者的忌讳而白白丢了身家性命，可悲可叹。

大凡普通之人也有忌讳心理，你在谢顶者面前如果说他"怒发难冲冠"或"这盏灯怎么突然不亮了"？或"今天真是阳光灿烂"等话，人家肯定会愤而变色，有时甚至于怒目圆睁、拂袖而去，到时候你就会尴尬不已。

那么，该怎样避讳呢？

我们认为，应该先了解对方有无忌讳之处，对对方的忌讳之处要视为禁区，十分谨慎地避开，以免触痛对方，谢顶者面前不说"亮"，胖子面前不说"肥"，瘦子面前不说"猴"，矮子面前不说"武大郎"，其貌不扬者面前不说"丑八怪"，跛子面前不说"举足轻重"，驼背面前不说"忍辱负重"。对人家失意之事也应尽量避开不谈。比如，在高考落榜者面前少炫耀自己的大学生活，在久婚不育者面前少谈生儿育女事，在有偷窃行为者面前莫谈论《十五贯》中的娄阿鼠。

暴露自己的痛处，对任何人来说都不是一件愉快的事，所以和别人相处时，要小心翼翼地避开雷区，不要提及他人自认是弱点的地方，更不能用侮辱性语言攻击他人身体上的缺陷。

每个人都有着自己最脆弱的一面，但并不是每个人都能大大方方地把自己的脆弱展现给别人。他们都希望自己在人前是光彩的、完美的。但一旦别人有意无意地触犯了自己的那块伤，他们的情绪就会异常激动。所以，无论如何千万不要触碰对方内心深处的伤疤，而是应该尊重每一个人内心的脆弱，只有这样你才会得到更多的支持和拥护。

避开办公室的是是非非

有人的地方就会有矛盾，而有职权的人更容易身陷其中。矛盾绝对有关是非，只是不同的公司有不同的是非原则，不同的人应对是非又有不同的价值取向。对于这些是非，你最好能躲多远就躲多远，招惹是非对你不会有任何好处。

你可能是个很有正义感的人，忍不住要挺身而出"匡扶正义"；也可能你是个外向型的人，眼里看不惯的事嘴上就要说出来，也可能你是个……

但不管你是什么样的人，奉劝一句，是非不要轻招惹，是非背后麻烦多。甲乙两位平日颇为要好的同事，最近竟然分别在别人跟前数落对方的不是，然而两人表面上依然友好。所以，你生怕两面皆讲好话，会被认为是两头蛇。其实，除了这点，你更该小心，因为另一个可能性是，甲乙是否在对你试探点什么？

先讲前一种可能。有些人心胸狭窄，十分小气，又善妒，所以因为某些问题，令两人发生心病，是不足为奇的，但表面上又不愿意翻脸，故向较亲近者倾诉心中情，是自然不过之事。

你这个夹心人并不难做，同样冷淡对待两人是妙法，对方发现没有人同情，必然满不是味儿，定会另找"有爱心之人"，那么你就自动"甩身"了。

若发现两人是另有用心，旨在试探你对他俩的喜恶程度，你就该步步为营了。既然对方的动机不良，你亦不必过分慈悲，不妨还以颜色。分别跟他们说："对不起，我的看法对你们并不重要呀！"这一招，他们必然无功而退。

别人的是非千万别沾惹。今天，某甲跟某乙像最佳搭档，在办公室成了"铁哥们"，但很有可能几天后，两人却反目变成仇人了。

所以，某些人可能为了某些目标，希望化干戈为玉帛，以方便日后做事，但亲自出面又太唐突，于是便找来"和事佬"。本来使人家化敌为友，是一件好事。但做好事之余，请做些保护自己的工作，亦即是给自己的行动定一个界限。

例如有人请你做"和事佬"，你不妨只做饭局的陪客，或作为某些聚会的发起人，但不宜将责任全往头上冠，反客为主。你最好是对双方的对与错，均不予置评，更不宜为某人去做解释，告诉他俩"解铃还须系铃人"，你的义务到此为止。

对上司不满、对公司不满，永远大有人在，遇上有同事来诉苦，大指某人有意刁难他，或公司某方面对他不公平，你应该做到既关心同事的利益，又置身事外。

例如，同事与某人有隙，指出对方凡事针对他，甚至误导他。

你或许会很有耐性地听他吐苦水，听他细说端详，但奉劝你只听，不问。尤其是切莫查问事件的前因后果，因为你一旦成了知情者，就被认定是当然的"判官"了，这就大为不妙。

你只需平心静气开导他："我看某人的心地不差，凡事往好处想，做起事来你会更开心的。"

要是对公司不满，你的立场就比较复杂，站在公司立场是你应该的，但站到同事那边，又有害无益。可是，人家来找你，保持缄默实在不礼貌。不妨这样告诉他："公司的制度不断改进，这次你觉得不公平，或许是新政策的过渡期，你不妨跟上司开诚布公谈一下，但犯不着坚持己见。"轻轻带过才是上策。

一位向来忠心，已服务公司多年的同事，突然告辞，惹得众说纷纭，不少同事还千方百计去细问当事人，誓要找出真相。

其实，知道了真相，对你有好处吗？肯定没有，坏处倒有一大堆。例如，你或会无端卷入人事旋涡，晓得行政层的秘密对你的工

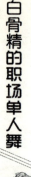

作态度多少有些影响。还有，你更有可能被列为"某类分子"。

所以，过去的即将过去，不必去追究了；除非这同事向来与你颇投契，自动向你诉衷情，但你亦只宜做个聆听者，万万不要做"播音筒"。

你应该做的是送上诚意的祝福，赠对方一件纪念品，当作纪念你俩的情谊吧！又或者，请对方吃一顿饭，当作饯别。

至于其他同事的行动，大可不必理会，也不必加以批评，这叫作独善其身。惹什么也别惹是非，陷进是非圈里，你就难以脱身，轻则灰头土脸，重则里外不是人，所以，别妄想当"兼济天下"的"圣人"，还是好好"独善其身"吧！

办公室里面的人多，事多，是非也多。为了今后能够不被这些复杂的矛盾是非绊住自己的双脚，你就要给自己多安几个心眼儿。要知道，浑水河是踏进不得的，职场中的纷纷扰扰搅拌起来也是很吓人的，你所要做的就是敬而远之，绝对不能无知者无畏地往前冲，因为这不但会把自己陷入谁对谁错的争执中，还有可能让自己成为别人斗争之后的牺牲品。

越过职场心理的雷区

职场真的有太多不可预知的事情，有些是挫折，有些是惊喜，有时候很顺利，有时候也会遭遇瓶颈。这时候我们不禁要找到解决问题的办法，还要拿出一种平和的心态去面对它。职场生涯我们必将面临各种各样的雷区，有些雷在事情上，有些雷就在我们心里，事情上的雷要小心，心理上的雷也要及时地清理，不然它的破坏力将是更为巨大的。

每天我们都把注意力集中在工作上，却常常忽略了自己心理上的健康。忽然有一天你发现自己在情绪上产生了微妙的变化，你开始疑神疑鬼，开始左右担心，甚至有的时候彻夜难眠。总而言之，你感觉到一种无形的力量悄无声息地把你禁锢住了，任你怎样挣扎还是无济于事，走了很远却发现自己还在原地打转。这究竟是怎么回事呢？

我们都知道职场变幻莫测，所以在工作的时候小心翼翼，生怕踩到地雷，葬送了自己的未来和前程。但很少人会意识到，其实在我们每个人的心里，也有一片雷区，如果不妥善地加以处理，它的破坏力远远要比现实生活中的雷更大。它会让我们迷茫，让我们困惑，让我们看不到未来的希望和方向，没有什么比这还要痛苦，因为人生只有在明确方向的时候才能快乐，才能充满自信。

那么，在我们的职场生涯中，我们的内心会感染哪些可怕的心理雷区吗？我们又应该怎样处理这些可怕的心雷呢？很多人都在思考着这个问题，一个人只有战胜了自己，才能谈及战胜别人的事情，同样一个人必须先扫清自己内心的困惑，才能坚定地朝着成功的方向迈进。下面就给大家介绍一些常见的心理雷区和处理方法，希望能够对更多的人提供帮助：

为什么我总会过度紧张

这一症状主要出现在那些没有太多工作经历的职场新人身上。不论是考试还是笔试统统都可以轻松搞定，一旦公司要求面试，从前一天晚上开始彻夜难眠，思维混乱。面试的时候，脑子突然开始一片空白，说话也结结巴巴起来，就好像舌头突然大了一圈似的，更有甚者还会紧张得出现胃痛、心跳加速、面色潮红的症状。

应对策略：如果明天要面试，不妨在面试的前一天以角色扮演的方式做一个模拟练习，促进自己能够尽快地进入角色。你还可以通过各种渠道了解这家邀请你面试的公司，多掌握一些对方的情况，力求做到知己知彼。当你的练习越来越熟练，那种紧张的情绪就会慢慢消失，你对明天的面试也就更有把握了。面试以后如果你很长时间不能走出角色，那就适当地转移一下自己的情绪，做一些自己平时喜欢做的事情，或者找一些朋友家人聊聊天，让刚才的情景在自己的脑海中慢慢淡化，相信很快你就能解决这个问题。

我怎么已经把跳槽当成一种习惯了

这绝对不是一个好习惯，但却在一些年轻的白领中间成为了一种比较普遍的现象。一份工作还没有做到合同期满，有的甚至不到一两个月，有的人心里就开始蠢蠢欲动起来。也许你会觉得这是为自己寻找更好的机会的一种方式和选择，正所谓"人往高处走，水往低处流"，觉得自己的性格就是这样的，在一个地方待时间长了就想换换地方，不管三七二十一，先跳了再说。

应对策略：如果你真是"跳蚤一族"的成员，那你必须要仔细思考和衡量一下自己的自身价值与你的个人追求之间所存在的差距。每个人都希望寻找到赏识自己的伯乐，但你首先要弄清楚自己是不是真的就是千里马。从短期利益来看，跳槽好像是跳对了，但是从长远的发展角度来看，每次跳槽你都要花很长时间适应新环境、与新同事磨合，尚未深入公司，权衡利弊，还是有点得不偿失。

老板背后是条龙，老板面前一条虫

每天上班看到老板坐在那里，做事就畏首畏尾，生怕做错事情说错话。一旦哪天老板出差或是开会不在，立刻活跃起来，表现出色非凡。这种现象非常普遍，几乎每个办公室都有这样的人，程度从轻到重不等，它经常会影响我们的表现和我们未来的升职前途。

应对策略：这种现象，往往是由于我们从心理上把老板的形象夸大了。那么怎样才能扭转这样的局面呢？首先，你可以把老板的各种优点缺点都列出来，这时候你就会发现他其实也只不过是个普通人而已，甚至自己有些方面比他还强呢。其次，你要学会换个角度思考问题，如果你是老板，你会怎么样对待员工呢？老板一般都是好面子的，时不时摆摆架子也是可以理解的，指使人做这做那，无非就是想显示一下自己的威严。所以你一定要端正自己的态度，用一颗平常心去看待自己的老板。尝试着和他多接触一些，因为员工都怕他，所以老板有时候也会很寂寞。

我怎么老觉得身后有人嘀咕我

总是下意识地感觉别人的眼睛都在盯着自己，观察着自己。曾经有位 IT 业的年轻老板坦言，在自己刚刚下海办公司的时候，常常会感觉有人盯着自己。有时候，和员工眼光偶尔接触到一起，他就立刻会想：他是不是鄙视我？他是不是觉得我这个老板没有能力？莫非我今天做错了什么决定？这种担心在心里久久不能消散，导致自己情绪的紧张和激动。

应对策略：有这种想法的人他一定是比较敏感的，他们对自己缺乏十足的自信，从而经常有意无意地给自己施加压力，他们希望自己做得更好，而结果往往是适得其反。要想扭转这种局面，就必须要记住一个人偶尔的眼光里存在着几万种可能，他不一定是在看你；即使他看你，也可能是无心的，甚至还很有可能是在欣赏你。

压力大的我脑袋快要爆炸了

有这样经历的人很多，各种行业的各类人群都很容易产生这样的感觉。有些人的压力超负荷，而且得不到有效的发泄，因此而伤害到了自己身心健康，造成精神状态不佳，工作效率低下，甚至还有人会在巨大的工作压力之下，产生暴力倾向。

应对策略：当我们开始感觉到工作压力在渐渐加大的时候，就应该妥善地采取措施了。你可以在工作之余，多培养一些自己的兴趣爱好，尝试着多交一些朋友，或者听听自己喜欢的音乐，等等，而不是总是把自己的思想锁在工作上，钻牛角尖。工作虽然很重要，但他绝对不是你人生的全部，适时地来个思想解放，其实还有很多有意思的事情等着你去做。

我们每天忙于工作，却很少会审视自己的心理。尽管有的时候我们会莫名的紧张、焦虑，尽管有的时候会感到压力的存在，但却找不到解决问题的钥匙，面对心理的雷区我们究竟该何去何从呢？一个人战胜别人远远要比战胜自己容易得多，打开自己的心门，让新鲜的空气进入你封闭的世界，当你重新睁开眼睛就会发现，原来压力并没有自己想象中的那么可怕，前方的路也未必一定会是充满艰险的，人生不过如此而已……

有些玩笑不能开

职场生活是紧张的、繁忙的，为了有所调剂，时不时地和同事开开玩笑也没有什么大不了，但是如果掌握不好度的话，这个玩笑还是不开为妙，它不仅会影响了同事之间的感情，说不定还会给你的生活和前途带来不小的麻烦。

饭可以多吃，玩笑不能乱开，得体的玩笑可以活跃气氛、松弛神经，但万一掌握不好分寸，就可能伤害感情，甚至惹起事端。

玩笑失去了分寸，就会成为恶意的嘲笑，让人际关系受损，不信的话，请看下面几个例子：

A. 某姑娘身材高大，体态臃肿，虽然年逾30，却迟迟未完婚

事。她将择偶难的原因，主要归结为自身的形体条件差。因此，平时她内心一直十分痛苦，无论衣着打扮，还是言谈举止，都尽量避免露胖。这一天，单位里举行文娱活动，大家说说笑笑，忽然将话题转到健美上来。有一位男性同事笑着对某姑娘打趣道："哎呀，你要是参加健美运动，不早就变成一只轻盈的小燕子了！"这句隐含着责怪她胖的打趣话，一下子触及了某姑娘的忌讳。只见她脸刷地红了，一声不吭，扭头就离开了会场。回到宿舍，她趴在枕头上暗自流泪，气得整整一天不思饮食。事后，还是同宿舍的女友好心相劝，才使她停止自卑行为。

B. 王某和夏某是同室女友，两人形影不离，亲如姐妹。有一天，王某在一群女友中间，当面对夏某的衣着打扮，进行了一番议论。她用开玩笑的口吻，说夏某的衣裙像筒子，皮鞋像小船，还对她的发型、发结进行了挑剔。其实，王某在说这些玩笑话时，内心并无恶意，也不曾想到这会引起夏某的不快。她只不过想通过这些逗趣话，提醒夏某改进一下自己的衣着，将自己打扮得更漂亮一些。然而，夏某却生气了，她沉下脸回敬道："我没你会打扮！你身上哪儿都顶合适！"从那以后，两人关系一下子疏远了，夏某有什么心里话，再也不跟王某说了。

这两个故事中，乱开玩笑只不过失去友情，但下面这个例子里，乱开玩笑却赔上了健康。

C. 张博和小邵是关系不错的同事，张博生性大大咧咧，喜欢开玩笑。4月1日愚人节快到了，张博决定好好"涮"小邵一次。中午，小邵正跟几个同事坐在石椅边聊天，张博慌慌张张从办公室跑了出来:"小邵!你还在这儿聊天,你妈死了!"小邵一听,差点晕倒,他父亲死得早,是母亲一手把他拉扯大的,没想到——小邵跌跌撞撞地冲进办公室,张博却在这边挤眉弄眼地跟同事笑开了。两分钟后,小邵从办公室冲出来,愤怒地揪住张博衣襟:"你凭什么咒我妈死了!"张博一把推开他:"愚人节嘛!"小邵更生气了,两人吵了起来,一怒之下,小邵不知从哪里抽出把弹簧刀向张博刺去,张博倒在了血泊中,后经抢救,命虽然救回来了,身体却折腾虚了,而小邵则因故意伤害而被判了六年徒刑,而这场是非只不过是因为一个过了头的玩笑。

社交中,开玩笑一定要把握分寸,诙谐而不伤人,以下几点,就是开玩笑时应该注意的:

(1)内容要健康

笑料的内容取决于开玩笑者的思想情趣与文化修养。内容健康、格调高雅的笑料,不仅给对方以启迪和精神的享受,也是对自己美好形象的有力塑造。钢琴家波奇一次演奏时,发现全场有一半座位空着,他对听众说:"朋友们,我发现这个城市的人们都很有钱,我看到你们每个人都买了两三个座位的票。"于是这半屋子听众放声大笑。波奇无伤大雅的玩笑话使他反败为胜。

(2)态度要友善

与人为善,是开玩笑的一个原则。开玩笑的过程,是感情互相交流传递的过程,如果借着开玩笑对别人冷嘲热讽,发泄内心厌恶、不满的感情,那么除非是傻瓜才识不破。也许有些人不如你口齿伶俐,表面上你占到上风,但别人会认为你不能尊重他人,从而不愿与你交往。

（3）行为要适度

开玩笑除了可借助语言外，有时也可以通过行为动作来逗别人发笑。有对小夫妻，感情很好，整天都有开不完的玩笑。一天，丈夫摆弄鸟枪，对准妻子说："不许动，一动我就打死你！"说着扣动了扳机。结果，妻子被意外地打成重伤。可见，玩笑千万不能过度。

（4）对象要区别

同样一个玩笑，能对甲开，不一定能对乙开。人的身份、性格、心情不同，对玩笑的承受能力也不同。

一般来说，后辈不宜同前辈开玩笑；下级不宜同上级开玩笑；男性不宜同女性开玩笑。在同辈人之间开玩笑，则要掌握对方的性格特征与情绪信息。

对方性格外向，能宽容忍耐，玩笑稍微过大也能得到谅解。对方性格内向，喜欢琢磨言外之意，开玩笑就应慎重。对方尽管平时生性开朗，但如恰好碰上不愉快或伤心事，就不能随便与之开玩笑。相反，对方性格内向，但正好喜事临门，此时与他开个玩笑，效果会出乎意料的好。

（5）必要的忌讳

①和长辈、晚辈开玩笑忌轻佻放肆，特别忌谈男女事情。几辈同堂时的玩笑要高雅、机智、幽默，解颐助兴，乐在其中。在这种场合，忌谈男女风流韵事。当同辈人开这方面玩笑时，自己以长辈或晚辈身份在场时，最好不要参言，只若无其事地旁听就是。

②和非血缘关系的异性单独相处时忌开玩笑。哪怕是开正经的玩笑，也往往会引起对方反感，或者会引起旁人的猜测非议。

③和残疾人开玩笑，注意避讳。人人都怕别人用自己的短处开

玩笑，残疾人尤其如此。俗话说，不要当着和尚骂秃儿，癞子面前不谈灯泡。

④朋友陪客时，忌和朋友开玩笑。人家已有共同的话题，已经酿成和谐融洽的气氛，如果你突然介入与之玩笑，转移人家的注意力，打断人家的话题，破坏谈话的雅兴，朋友会认为你扫他面子。

双方都能欣赏才叫玩笑，所以开玩笑之前多替对方想一想，看看对方是否能接受，如果不考虑对方的接受度就乱开玩笑，就只会自讨没趣。

白骨精箴言

玩笑应该带给别人快乐，而不是给对方带来痛苦和愤怒。不论是与同事，还是与下属，我们一定要把持住开玩笑的分寸。也许你认为做人没有必要那么谨慎，或者觉得大家彼此已经很熟悉了，但是请不要忘记，每个人的心中都有着自己最不愿意提及的脆弱，一旦这种脆弱成为别人玩笑的话题，那种情绪的负面影响往往是很难消散的。

信用，比什么都重要

职场上最可贵的品质就是诚实。诚实，不但不会阻碍你前进，相反，它还是你的优势和财富，会帮助你走向成功。诚实守信的品质如同沙漠中的泉水，黑暗中的灯火，弥足珍贵。在职场拥有它的

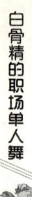

人，成功会主动找你的。

人与人之间的交往既需要十分诚实，更需要言而有信、言行一致，如果只会说大话，开空头支票，却不履行自己的承诺，这样的人一定会受到人们的唾弃和鄙视。

某机关的田处长是出了名的支票机，只会许诺，不会兑现。前不久，单位新分来一个小伙子，计算机专业毕业的，田处长一大早就把他叫到了办公室，笑眯眯地说："小陈啊！我看了你的履历，不错不错，以后啊咱们单位的计算机就交给你负责了，出了什么故障你就给看看，需要升级什么的你就看着办！有前途啊，我最喜欢有专长的人才了！"小伙子一阵激动："田处长，您放心，我一定好好干！"几天之内，小伙子天天加班，把单位的几台电脑整修了一遍，田处长高兴地说："小陈啊，我不会委屈人才，忙过了这一段，我就一定要提拔你！"小伙子乐得天天"溜"着处长，甚至还跑到处长家里教处长儿子学电脑，单位里的同事看到小伙子这么卖力，却只是暗暗摇头。一个月、两个月、三个月……田处长的"提拔"还是没消息，实在忍不住了，小伙子跑去问田处长，他支吾以对："这个嘛，我还得再研究一下！"小伙子心里真是又急又气。同事老张拍着小伙子肩膀说："认了吧！田处长的话不能信，四年前他就说提拔我当科长，我现在还不是小科员！"

不久后，处里的工作出现了个大纰漏，田处长急得跳脚，可还是没有人愿意帮他，最后他被降职外调了，大家乐得直鼓掌："支票机总算走了！"

上司许下诺言后不能兑现将不利于在下属面前树立一个良好的

形象，从而导致上下级之间交往的失败。做领导的有一种失败，是最不受人同情的，那就是把大家当阿斗，随意哄骗。用得着大家时，又是许愿又是承诺，好话堆满一箩筐，说得大家纷纷为此效命；而当用不着时，极尽委蛇之能事，记性也不好了，以前说过的全忘了。这样的领导失去了群众基础，失去了人心，一旦遇到什么工作失误或是错误，立刻就会墙倒众人推，无可挽回地一败涂地。因此，当领导的一定要一诺千金，这样在与下属打交道时才会成功。

中华民族有一个古老的传统，那就是对信用与名誉的注重。曾有个"抱柱守信"的故事：古时候有个年轻人，和人相约在桥下。他等了许久，约会的人不见。一会儿，河水上涨，漫过桥来，他为了守信，死死地抱住桥柱，一心等待着友人的到来。河水越涨越高，竟把他淹死了。这位年轻人抱柱而死的行为尽管有点迂腐，然而，那种"言必信，行必果"的品格，却是永远值得人们敬佩的。

在中国历史上，这一类"待人以信"的故事，不胜枚举。楚人称道季布："得黄金万斤，不如得季布一诺。"孔子也把"朋友信之"列为他生平的志向之一。"人而无信，不知其可也"更是他老人家的名言。很显然，重视信用与名誉，已经成为我们祖先做人的根本守则。

有些人口头上对任何事都"没问题"、"一句话，包在我身上"，一口承诺；可是，嘴上承诺，脑中遗忘，或脑中虽未遗忘，但不尽力，办到了就吹嘘，办不到就噤若寒蝉。这种把承诺视作儿戏，是对朋友的不负责行为，要不得，迟早得为人所抛弃。

轻易对别人许诺，说明你根本就没考虑所办一件事情可能遇到的种种困难。这样，困难一来，你就只会干瞪眼。从而给人留下了

"不守信用"的印象。许诺越多，问题越多。所以，"轻诺"是必然"寡信"的。

　　有许多诺言是否能兑现得了，不只是决定于主观的努力，还有一个客观条件的因素。有些照正常的情况是可以办到的事，后来因为客观条件起了变化，一时办不到，这是常有的事。因此，我们在工作中，不要轻率许诺，许诺时不要斩钉截铁地拍胸脯，应留一定的余地。当然，这种留有余地是为了不使对方从希望的高峰坠入失望的深谷，而不是给自己不做努力埋契机。自己必须竭尽全力。如果你没有把握，就不要向人许诺。迫不得已时，就要实事求是，有几分把握说几分，这样时间长了，人家才会信任你，把你当成靠得住的人。

白骨精箴言

　　我们经常说："要么别答应，答应别人的事情就一定要做到。"这个世界上没有什么比信用更重要，做生意需要信用，它会让你在自己的领域拥有更大的发展空间；生活中需要信用，它会让身边的人对你刮目相看；职场中同样需要信用，它会让你在最需要帮助的时候左右逢源。一个守信用的人，永远是大家最欢迎的人，所以不管什么时候都要记住，信守自己的承诺，千万不要让自己说出来的话成为一张空头支票。

第九章

优美的前跳，完美的转身
——把握进退才能趋利避害

办公室作为一个由人组成的团队，每个人都有自己的优先顺序和利害关系。如果不学会协调人与人之间的关系，即便你再拥有一身过硬的专业本领也是无济于事的。不懂得保护自己，不懂得适应环境，更不懂如何和谐共存，你将很难在职场中生存，更不要说崭露头角，得到自己应有的发展了。

想在职场中取得属于自己的成就，除了苦练内功以外，我们还需要把握好进与退的尺度，更好地保护自己，把握机会，只有这样才能有效地趋利避害，才能使自己的职场之路少些坎坷和困惑，多一些平坦和希望。

看看什么阻碍了你的升职计划

在公司里我们常常会看到：一些员工工作技能很高，但却常常无法按时完成工作任务或无法与他人和睦相处，最终影响了在公司中的提升。经过细致分析发现：这些员工的问题并非出在他们的工作技能中。那么究竟是什么阻碍了他们升职计划的脚步呢？

公司马上就要考核工作了，这很可能涉及你的职位升降问题。长时间以来你一直工作很努力，成绩也很突出，公司上下都承认你是个对工作尽心尽责的人，但是，当新的聘任书下来以后，你却傻了眼，跟你一同进公司的同事得到了晋升，而你却还在原地踏步。或者情况比这还要糟糕：他根本就是比你来得晚，却比你升职升得还快。再说得糟糕点，他居然成了你的顶头上司……这时候你根本无法面对这个事实，盛怒之下，你究竟应该何去何从呢？

首先还是先让自己冷静下来吧！尽管这样的事情发生在谁身上谁的情绪也难以平静，但至少我们应该反思一下到底是什么让自己在升职的道路上栽了跟头呢？是能力、技术，还是没有掌握好职场进退的游戏规则呢？好了，还是让我们来好好分析思考一下，究竟是什么阻碍了你的职场升职计划：

有没有跟上司搞好关系

无论什么时候"和上司搞好关系"都是职场人必须熟记的生存之道。不管是升职也好，加薪也好，上司始终决定着你职场发展的生杀大权。所以，如何搞好和上司的关系是直接关系到你整个升职计划能否成功的关键。与上司保持有效的"沟通"是很重要的，因为只有通过沟通才能让你的上司更清晰地了解到你的工作作风、你的职场应变能力与决策能力，对你的处境、工作计划有一个充分的认识，并很乐意接受你向他提出的建议，这些反馈到他那里的资讯，能帮助他对你有一个比较客观的评价，最重要的是这些将成为你日后能否提升的考核依据。所以要想让自己的升职计划得到贯彻实施，第一件事情就是要搞好自己和老板之间的关系，不要随便地抱怨，更不要散布一些对老板不利的谣言，而是应该积极地表现，让他知道你在尽心尽力地工作。否则万一有一天他雷霆大怒，那你吃不了兜着走的日子就来到了。

有没有注意同事对你的影响

尽管老板很喜欢你，但是看看四周的同事却在冲你撇嘴了。千万不要以为只要得到上司的赏识就可以把自己的升职计划全部搞定。在提升你之前，上司一定会去向你身边的同事征询意见，甚至会专门调查你和同事之间的关系是否和谐。由于职场中充满了竞争和利益的争夺，这使得职场中的人际关系总是很微妙的。你也许会遇到一些喜欢挖墙脚的人，他们专门以背后议论、讥讽别人为乐趣，而且还非常喜欢在上司面前打别人的小报告，即使不把黑的说成白的，也会把白的说成是灰的。这些琐碎无聊的人也会对你能否尽快晋升起到一些不大不小的影响。因此，在职场中一定要小心行事，千万不要让这些人抓住小辫子，不然一不留神掉进他们挖的陷阱里，往往是死都不知道怎么死的。

是否管理好了你的身体和情绪

明明是自己大展身手的时候，可是这时候偏偏身体吃不消了。你的身体情况有时候也很可能会打乱你的职场发展计划。比如女性到了一定年龄，因为孕期、产期等各方面的原因不得不离开自己的工作一段时间，如果这个时候公司正准备给她一个升职加薪的机会，也只好因此而作罢了。再或者有些人由于承受了太多的精神压力，自己的身体开始严重透支，工作起来总是觉得力不从心，各种心理疾病也随之接二连三地来找麻烦，工作效率越来越低，如果不能及时校正自己的状态，也只能在半途终止向高峰冲刺的脚步了。由此看来，人在职场除了懂得如何工作的同时，更要学会怎样爱惜自己的身体。人们常说："身体是革命的本钱。"这话一点不假，有了好身体，才能以饱满的精神状态去迎接每一天的工作，有一个心情愉悦的心情，才能更好地迎接职场带给我们的各种各样的压力和挑战。

你的能力真的能经历住考验吗？

尽管你对自己很自信，但当你提出自己的见解和意见的时候，别人却突然皱起了眉头，这时候你才发现，原来自己的能力出现了问题。如果把正在前进的你比作一辆疾驶行进的电瓶车，那么能力、才智与知识就是保证电瓶车得以发动的蓄电池，电量不足很可能会导致车速缓慢，甚至还会有停滞不前的危险。因此，为了自己的晋升计划得以顺利实施，你必须对自己的优势和弱势有一个清楚的认识。你可以制订一个条理清晰的学习计划，是随时随地向别人学习请教，还是专门抽出一些时间来做一个突击性的培训。同时你也要学会选取最佳的角度在"镁光灯"下展现自己最占优势的一面，学会扬长避短。如果你不是很懂策划，但是对市场有着很强的洞察力，那你不妨在会上大胆地向有关人员提供相关信息；虽然你在口才方面欠佳，但是写起总结、计划或报告却如行云流水一般，那你就可以尽量用文字与上司进行沟通以引起他对你的欣赏。这样一来，找出了问题的关键所在，你就可以用自己的努力有针对性地说明一切。

把整个事情分析了一遍，相信你一定对自己的不足有了一个透彻的认识，一次失败算不了什么，人生最大的乐事就是从摔倒的地方爬起来。只要你不断地提高自己，完善自己，谁能说下一次考核你就没有机会了呢？

白骨精箴言

当你获知没有得到升职的消息，一定有一种从热切期望跌入失望谷底的感觉。但是不要灰心，而是应该给自己一点时间好好分析自己为什么失掉了这次机会。当你对自己有了一个清醒的认识，彻底地搞清楚了究竟是什么阻碍了自己的升职计划，就一定会重新燃起希望的火种。人生的机遇不仅仅只有一次，相信当它再一次光顾你的时候，你一定会把它牢牢地抓在手里。

第九章 优美的前跳，完美的转身
——把握进退才能趋利避害

职场维权，进退非两难

走进职场，有人是为了实现自己伟大的梦想，而有人是为维持生计养家糊口。的确，我们需要工作，需要一份养活自己的经济来源，但当我们的合法权利受到了侵害的时候，又应该做些什么呢？最近一段时间"职场维权"炒得沸沸扬扬，这让我们不得不思考，究竟我们应该如何维权，什么情况下才需要我们维权。假如你对这一点有了透彻的了解，你的心态一定会变得越来越从容，不管是进还是退对你来说并不是一个多么纠结的问题了。

人在江湖，身不由己，职场就是一个大的江湖，从在其间闯荡到现在，我们发现自己真的是越来越成熟了。起初出于自己的梦想也好，为了维系自己生存的需要也罢，总而言之当我们获得了一份工作的时候，内心多少还是会有些波澜的。你一定希望自己的这份收入能够稳步的提高，你一定想能够拥有更高更广阔的发展空间。也正因为如此，你曾经穿行于大大小小的人才招聘会，在人群之中茫然失措，川流不息的人潮让你明白，这个时代不缺人才，找工作就好像是在菜市场卖菜一样，要想引起别人的注意，你必须压低价码，以此来显示自己的物美价廉。

但物美价廉也并不意味着能让人肆意践踏，当感觉到自己的人格尊严受到侮辱，当自己意识到自身的合法权益受到侵害，你会不会抛下工作不顾，站起来维护自己的权益呢？也许你会这样做，也

248

许你和一笔丰厚的工资作比较，最终还是选择了忍气吞声。但不管怎么说，心里肯定不会舒服的。老人教育我们："年轻人要懂得逆来顺受，只有这样才不会丢了饭碗。"但如今这个时代的新新人类才不愿意去当别人手里的软柿子，想怎么捏就怎么捏。就这样一场别开生面的"维权"大战打响了，这时候我们才发现不光商家的侵权方式品种繁多，维权者的维权花样也是千奇百怪。这不禁引起了大家的思考，怎样把握好维权的那个度呢？究竟怎样维权是正确的举措，怎样的维权会被人看成是无意义的无理取闹呢？看看下面的例子希望能够给你带来一些思考。

近日，某市12345市民热线接到了这样一条投诉电话：说某世纪联华店给员工规定了上厕所的次数，一天最好不要超过3次！"据说这是一个领导要求的，让大家工作期间不要总是往厕所跑，每天去个一两次就足够了，超过3次，就说明肾不好，该看医生看医生去。吓得大家都不敢多喝水了，生怕去厕所的次数多了，被逮到罚款。"打通投诉热线的陈女士对这条荒谬的规定难以接受。而该店某负责人却不承认超市有这样的规定，只说曾经强调过让员工不要在厕所的时间耽搁得太久，因为超市的工作量是很大的，人手本来就不够，有些女员工，经常会上厕所超过半小时才返岗，叫他来说很有趁机偷懒的嫌疑。

无独有偶，与这荒谬程度不相上下的"培训"也此起彼伏地涌现出来：有公司让刚上岗的几十名新员工分成几组，把脚绑在一起，在大街上时而大步前进，时而立正站齐，还要高呼该公司的宣传口号，引来众多路人的侧目，甚至造成了交通拥挤，最后还遭到了巡警的驱逐。此"魔鬼训练"的组织者声称，很多员工是刚毕业的大学生，性格比较内向，不善与人交际，公司是用"在人群密集的地方大声喊出疯狂语录"的方法来帮助他们克服总是存在着胆怯心理。还有的公司让几名穿西装打领带的青年男女在膝下垫上报纸，跪在人行道上"乞讨"，直到讨到够吃一顿饭的钱才可以起身，据说是为了培养他们的"沟通和销售技巧"，有些员工无法接受，最终当场就走掉了。

看了上面的例子，相信有些人心里会打一个寒战，或者有些愤怒。是的我们需要提高工作效率，需要更出色更优秀的员工，但是也要进行人性化的培训和管理才能得到员工们的拥护和称赞。新时代要求的人才是可持续发展的，一个身体健康、心智健全且与企业同心同德的员工，才最有可能发挥潜力，为企业谋取最大利益。不上厕所，身体吃不消，病倒在工作岗位上怎么办？不要尊严，用下跪这种带有侮辱性质的行为换取工作机会，心理扭曲怎么办？这让我们不得不担心这些企业究竟能持续多久，不管什么时候我们都应该把握好分寸，只有你拿员工当人，员工才会把企业当家。

那么什么才是最有效率的维权呢？首先你要选择那些福利待遇靠近自己期望的公司，通过笔试面试、侧面打听、试用期观察等多种方式了解该公司是否存在类似的荒谬制度；当你遇到侵权事件的时候，首先要努力和老板沟通，你可以选择拉上几个同事，这样可以壮大声势，还可以向代表职工权益的工会寻求保护；再次就是要"重视一切证据的收集、整理和保存工作"，比如有的领导喜欢用电子邮件安排工作，如果你觉得这些以后可能会涉及自己的利益，可以把该电子邮件妥善地保存起来。报销单、出勤表、出差申请、合同、委派令等重要的东西都找领导签字也是个好办法——很多人就是因为没有任何证据而长期白白加班，忍气吞声，真的是很冤的一件事情。

如今这个时代越来越开明了，我们不一定一生一世只为一家公司效力，也没有必要一味地向自己的老板妥协。该好好工作的时候好好工作，如果遇到了诸如此类伤害我们身体和尊严的事情，也一定要拿起法律的武器。虽说中国有句老话叫"退一步海阔天空"，面对压力和竞争我们一定要有一定的承受力，必定人要谋求生计，谁也不愿意跟老板撕破脸，但当自己的权益受到了严重侵害的时候，也不要只做一只软弱的羔羊，更不要觉得进退两难，这个世界上没有什么比健康和人的尊严更重要，到了什么时候都要记住我们是人，人活着就要有个人的样子。

白骨精箴言

不要为了生计就低下自己高贵的头颅，不要因为害怕找不到其他工作，就从此忍辱负重。这话说得简单，但做起来却不是那么容易。但不管怎样，请保护好自己的健康和尊严吧！它是人生中最重要的东西。只要你从容应对和选择，知道什么才是最重要的，那么职场中的维权，就不会再面临两难的尴尬了。

第九章 优美的前跳，完美的转身
——把握进退才能趋利避害

遭遇老板"夺命追魂 call"，
究竟你该如何应对

熬啊，熬啊！好不容易到了周末了，当你正准备和自己的朋友们好好地出去潇洒潇洒，忽然接到了老板的"夺命追魂 call"，啊！天啊，又要让你去公司，这样的事情反反复复地出现了很多回，你的内心充满了抱怨和无奈，出现了这种情况究竟该如何应对呢？

在办公室里上班的白骨精们，每天朝九晚五的工作时间已经成为一种奢望。为了谋求更好的升职平台，加班渐渐已经成为一种义务。每到了下班的时候，老板总会面色从容地搬过来一把凳子告诉大家："我认为我们有必要开个会。"在会上，所有人都在焦急地等待着会议能够早一点结束，可是老板却在会上说得热情洋溢，尽管说的大多都是一些废话，却丝毫没有一点要结束的意思。这时候很多人开始抱怨，这些事上班的时候不能说吗？为什么非要占用员工的休息时间呢？然而这种不平只能在心里想想，为了保住饭碗，很多人都会选择忍耐。

这还不算什么，比起快下班开会更让人郁闷的就是老板经常会不定时、无定向地打来一个"夺命追魂 call"，它导致你明明是周末却不得不重投工作，明明已经做好的娱乐计划却不得不取消。纵使心里有一千个不愿意，为了保住自己的饭碗，电话还是非接不可。

潜伏在日常工作中的这种"小矛盾"积少成多，必将会引发大家的各种反抗行为。正所谓，上有政策，下有对策，这个里面的上和下都是相对的——你也许不单是别人的"老板"，同时还有着自己的上级，而白骨精们所说的"老板"不过是自己顶头上司的统称罢了。于是，这场关于 call 的你追我逃"肥皂剧"，就这样源源不断地在我们中间上演着。

经理助理阿采入职以来，颇受老板重用。但没想到升职加薪后，烦恼也就随之而来了。老板把她当成了自己的小管家，家事业务一并让她帮忙处理，以致她的手机总是相当的繁忙：下班跟朋友逛街，突然来一个电话，交代一连串杂务，害得一起逛街的好友只能陪她站在路边干等；回家吃饭，连爸妈都分不清她到底在给谁打电话，之间她戴着个蓝牙耳机，接听电话犹如喃喃自语。可是，碍着自己是从小文员开始跟着老板爬升成经理助理的经历，阿采从来不敢有半点怨言。

已经是副科长的子奇，日子也不好过。本来她家离单位只要 10 分钟路程，可以睡到 8 点再慢悠悠上班去，可老板每天早上 7 点的电话比闹钟都要准时，这使她不得不牺牲一个小时的睡眠时间。老板怎么有空给她叫早？原来是因为他的老婆和孩子要上班上课，赶着 6 点多就起床，他百无聊赖觉得要规律一下大家的作息，于是吃过早餐就开始迫不及待地工作，给下属们布置一天的工作安排，所以，受害的不单子奇一人，整个科室职员都在受他的关照。

明明是属于自己的休息时间，可偏偏都要拿来为老板服务，这真的很难让人接受的，这倒不是因为我们小气，如果真的有什么突

第九章　优美的前跳，完美的转身
——把握进退才能趋利避害

253

发事件或者重要工作，上司临时打个电话也没有什么不可以，关键是这些"夺命追魂 call"往往都没有什么太大的价值，很多事情在上班的时候说也是一样的。因为这些乱七八糟的小事，把自己的私人生活搅得一团乱，换了谁都回家哭不迭。

那么，遇上爱 call 的老板，我们究竟应该怎么办呢？下班以后，老板的电话到底要不要接？现在网上这种职场调查的帖子非常流行。其中前程无忧网站在"下班后，老板的电话接不接"的调查中显示，86.55% 的人会在极不情愿的心情下接听老板的电话，其中19.98% 的人出于生活所迫的原因而不得不去接老板的电话。大家普遍认为，接与不接完全是由于个人的工作性质和自己的境遇决定的，即便老板的电话不得不接，也要让自己保持一个相对平和的好心态。

灿灿，经常受到老板电话梦魇的骚扰，不过她有着自己的对抗方法：那就是把老板的来电铃声设置为各种古怪的音频，例如小孩儿放屁的声音，搞笑的音频彩铃，在听电话之前先引自己和旁人大笑一番，自己的心情就会好得多。当然，这是个秘密，绝不能让老板知道。

当然，如果你的能力不错，并且对老板的 call 深恶痛绝，不去接电话也不是不可以。对于工作范畴明确，大部分工作只能在公司完成的非服务性行业的从业人员，完全可以坚决地对老板的电话骚扰说出自己"不"的心声。

客服中心主任拉拉是一下班就关掉自己工作手机的人。很多人常常都会被"敬业"二字所累。在她分析看来："如果老板的'周末凶铃'，致使你毫不犹豫答应回去帮忙，确实能够表现出你敬业的工作态度，但同时也纵容了他公私不分的气焰。正所谓，有第一回就有第二回，如果不尽早采取措施，以后你就准备继续把私人时间奉献出来吧！"

如果你不想在自己休息的时间被老板的电话骚扰，就必须采取一定的措施。既要把持住自己严谨的职业态度，又要不失体面地暗示对方这是自己的休息时间。你可以准备两个电话号码，一个是工作号码，一个是生活号码。回到了家就习惯性地把工作号码关掉。当然如果你仍然接到老板的"夺命追魂 call"，出于礼貌还是要听对方把话说完，然后根据事情的轻重缓急，告诉老板有效的解决方法。然后，你可以用平和的语音暗示他，自己家里的事情也很多，周末要照顾老人和孩子，如果没有接到电话也请他见谅。

面对老板的电话，不管你怎样应对，都要记住保持自己的礼貌和乐观的态度。尽管我们要用自己的工资维持生计，但是我们仍然应该享有休息的权利。如果你想拥有一个宁静的夜晚、消停的周末，那么现在就行动起来，先从处理老板的"夺命追魂 call"开始吧！

白骨精箴言

尽管我们需要工作，尽管我们需要工资来维系自己的生计，但这不意味着我们要把整个休息时间无私地奉献出来。面对老板 call，很多人选择了忍耐，他们已经忘记了自己完全有资格说"不"，他们很担心这个字说出来以后，老板会因此对他们紧锁眉头。但你知

道吗？正是因为这个原因，助长了老板以我为中心的气势，如果你没有妥善地制止这一行为，那以后你就休想拥有属于自己的休息时间了。

做个蜜糖派，玩转职场小意思

每个人都希望受到老板的器重，同事们的拥护，可是究竟怎样做才能达到这个目标呢？对于一个外表看起来热情温柔的蜜糖派来说，这一切都不是什么难事儿。也许你会觉得她的举动真的有点假，但在这个讲求职场社交效率的时代，这样的人往往能够把握住身边的每一个机会，在自己充满竞争的工作环境中游刃有余，进退自如。

默默有着名牌大学的学历，聪明的智商，窈窕的身材，在公司有很好人缘，职位一升再升，工作至今不过两三年，已经成为年轻的主管。她的制胜法宝，就是让人人称赞的可爱性格。

记得刚刚从学校毕业走入职场时，她还是个不谙世事的单纯女孩，外冷内热是她的特点。她最讨厌与不熟悉的人亲近，更不喜欢在领导面前做作地摆出一副谦虚顺从的样子。默默对同事也总是淡淡的，不亲不疏地保持着一定的距离，当同事之间因工作发生矛盾时，她也会毫不隐瞒，就事论事地摆出自己的观点，哪怕这样做会得罪人。看见领导，她有多远躲多远，生怕自己会因此而无所适从。

默默的业务水平在同层面的年轻员工中算得上是出类拔萃，所以，在平时的工作中，她总是尽可能地比别人多做点，为此她付出了多于别人几倍的努力，尽最大可能地把自己的工作完成得更加尽善尽美。她始终认为，只要工作努力，业绩突出，她的事业就会得到好的发展。

但工作第一年的那个年终业绩表彰会，却把默默天真的想法打击得支离破碎。在会上，真正得奖的，不是多干活少说话的默默，而是办公室公认说得永远比做得多的倩倩，而默默只得了个进步奖。这样的结果让默默很不平衡，她不知道自己应该怎么做才能获得公正的认可，她又该如何来规划自己今后的事业发展。这一现状，让默默备感烦恼。后来，在一个好友的点拨和传授下，默默终于明白了一个道理：职场如战场，生存和发展才是硬道理，耍个性对于她这个职场菜鸟来说，绝对是玩不起的奢侈品。

从那以后，默默收起了自己清高淡然的仪态，强迫自己变得亲和而热情。良好的教育背景和适应能力，让她见了谁都会露出礼貌的微笑，见到女同事一律叫姐，见到男同事一律叫哥，对领导也是毕恭毕敬，就连送快递、送外卖的伙计她也会送上自己春天般的微笑。她努力地搜集了诸多行业的内外资讯，成为大家争着聊天的对象，她走到哪里，大家都会喜欢她，不自觉地愿意为她提供帮助，甚至拿她当作自己的知己。如此的蜜糖外表和能力，让默默轻而易举地坐上了主管的位置。

虽然这个时代越来越崇尚个性，但是面对职场的竞争，我们有的时候不得不戴上面具，尽管有的时候别人拿我们当做知己，但你未必会对他的倾诉有多么大的兴趣。然而面对自己心目中追思已久的晋升机会，你不得不耐下心来听对方把话说完，然后再说一些不痛不痒的安慰。在很多人看来，这是自己能在办公室生存下来必须要做的事情。

我们都知道想成功就必须获得身边同事的支持，赢得上司的肯定。每天带着阳光一样的笑脸去面对你喜欢的、不喜欢的人，这也许对你来说并不是一件很容易的事情。尤其是对于那些刚刚毕业的大学生来说，更是很难做到的。刚刚走进社会，我们的个性仍然是有棱有角的，什么事情让我们觉得不满意，就会直言不讳地说出来，丝毫不会顾及别人的想法，时间一长势必会为自己树立不少敌人。尽管你的拼劲十足，在自己的工作上也做出了一些成绩，但这又能代表什么呢？

相比之下，蜜糖派女人就要聪明得多，她们往往情商指数很高，她们懂得什么时候做出什么样的姿态，才能够取得自己需要的结果，她明白职场之上，人际关系比个人能力还要重要，因此，她早早地修炼了一套蜜糖大法，为自己将要在看不见硝烟的战场上立足打下坚实的基础。

通过自己的攀登，蜜糖派很快就整合了自己需要的资源，而她身边的其他人也乐于在工作中对这个甜蜜的小妹格外关照，每逢公司举行大型活动的时候，也就是蜜糖派展示自己的时刻，她会不遗余力地在各位高层中间穿来梭去，仿佛一只色泽艳丽的蝴蝶，平日里很少有机会吸引那些高层的目光，有这样的机会她一定不会轻易放过，高层们果然注意到原来公司里还隐藏着如此可人的甜心，向周遭人一询问，没有一个人不夸她，于是，信任和好感陡然而升，这比很多人拼上老命日夜无休拿下几笔订单更来得便捷和有效，蜜糖派深受其利。

阳光般的微笑，温柔体贴的问候，是蜜糖派最有特色的代表形象，她总是能给人一种温暖的感觉，总是能让你产生一种想多帮助她一点，多亲近她一点的冲动。就这样她的职位一升再升，直到有一天她和你已经不再属于同一个世界的人，你才深刻地领悟到原来她的蜜糖外衣是如此神奇。不管怎么样好好维系你的职场圈子吧，吸取其中的经验和教训，相信你也会有玩儿转职场的那一天。

办公室斗争的进退法则

办公室的工作是繁忙的，也是充满争斗的，谁能在这场斗争中胜出，谁就会拥有更广阔的发展前景，这一点每个人心里都有着自己的如意算盘。但究竟怎样才能接近目标呢？一门心思地只知道往前冲，未必就是那个笑到最后的人。有进有退，有张有弛，这才能够使自己在职场生涯中彰显英雄本色，挥出自己一击漂亮的全垒打。

"以前我一直不敢跟你说，但是今天我一定要说了。照理说，程程，凭你的个人能力和资历，总监的位置是炙手可得的，就算是当副总裁也不是没可能，可你有没有想过为什么总也轮不到你啊？说句心里话，你最大的问题就是太不懂职场学了，这在办公室里是很重要的。"这是一次临别聚会，说话的是即将被派到印尼当副总的晓辉，而接受忠告的是程程。程程是一家跨国公司的技术经理，在公司已经干了15年了。他性格耿直，做事认真，而且在技术方面无人能及，是公司上下公认的顶尖高手。但是，和程程差不多同时进来的同事，都已经升职为公司重要岗位的高管，比如晓辉，程程当年最好的"加班"伙伴，现在已经是公司业务部门的副总裁了，还被公司派到国外去升任要职。这让年近四十的程程除了不平衡以外，剩下的只有郁闷，要不是金融危机，他早就不想干了。

如果你愿意花点心思做一个简单的调查就会发现，大家的生活中都存在着一个普遍现象，最好的朋友绝大多数还是自己以前大学、高中的同学，甚至还有可能是一些素不相识的网友；只有极少数人，而且尤其是刚刚踏入工作岗位的人，和办公室里共事的同事保持朋友一样的关系。其实这个道理非常简单，同学和网友一般是和自己完全没有利益关系的，所以也就谈不上矛盾和斗争；而同事却不同，为了自己的利益和目标发生斗争是在所难免的事情。

职场没有百分之百的朋友。在职场中，每个人都无法抵抗升职加薪给自己带来的诱惑；当然在光鲜亮丽的体面背后也充满了人际的诡谲、攀爬的艰辛和各种各样竞争的陷阱。别看办公室里的人不多，但每个人都有自己的优先顺序和利害关系。如果你不善于协调人与人之间的关系，无法搞定办公室里的"游戏"，就只有像程程那样，即便自己拥有一身过硬的专业本领，但对于一个不懂得保护自己，不懂得适应环境，更不懂如何和谐共存的人来说又有什么用呢？这样的人很难在办公室中生存，崭露头角当然也只能在梦里想想了。

下面就介绍三条职场人士不可不知的进退法则，希望能对大家

有所帮助:

进退法则1:想成功,先学会自我保护

古人说得好:"害人之心不可有,防人之心不可无。"这句话在办公室斗争中是非常有实践意义的。很多人,尤其像程程这类的人才,不论是学历还是技术背景都是数一数二的,进入企业后,他们认为只要全心全意投入工作,平步青云是早晚的事情。其实这真的是大错特错了,他们不懂得保护自己,在拼命工作的同时,也暴露了自己身上存在的很多弱点和问题,就是这些看似细小的问题,导致自己成为别人背后攻击的对象。办公室里除了要工作表现出色以外,其他方面也是很重要的,这也就是有些人为什么业绩不错,却得不到认可的主要原因。所以,在努力工作的同时,自我保护是非常关键的。孔子说过"敏于行,慎于言"。这在办公室里,有很强的实践价值。所以建议大家在没有升到高层的时候,一定要学会低调做人,用功做事。

进退法则2:用心观察,收集对自己有利的信息

著名侦探小说中的福尔摩斯曾经说过这样一句话:"你们在看,而我却在观察。"要想在办公室斗争中,拥有自己的一席之地,你必须知道哪些人主宰者自己的命运,并对他们的需求易如反掌。这一点我们可以向"娱记"学习,像他们一样观察、聆听和分析。那些掌握你命运的人也许是你的主管,也许是你的部门经理、总监,甚至是大老板。只要你留心注意就会发现,在每天和他们一起工作交流的过程中,很多有用的信息都会很自然地摆在你的面前,这时候就需要通过对这些表面现象进行深入地观察和分析,最终找出对自己有利的信息,帮助自己准确定位。

进退法则3：解决问题一要变通，二要圆滑

如果你总是想在办公室里争个公平，那跟往枪口上撞没有什么区别。反而常常给人一种讨人嫌的感觉。我们没有必要去追求绝对的公平，而是应该找到一个相对变通和让所有人都能接受的工作方法，做到有的放矢，游刃有余才是最明智的办公室哲学。升职加薪的确需要努力工作，真才实干的确是重要因素，但是如果在办公室不懂得变通和适应环境，再能干再努力也只能原地踏步，想升职比登天还要难呢。

办公室没有硝烟，但是却充满了是是非非的利益冲突，其间我们需要盟友，但也许明天盟友就会成为自己的对手。要想让自己拥有更广阔的发展，你必须要参与这个另类的斗争游戏，这也是对我们的一个最直接的考验，你只有能够将这些事情一一摆平，才能在今后的高位上站得更高，坐得更稳。

打好加薪这场漂亮仗

算来算去，在职场也摸爬滚打也有一段时间了，看着身边的朋友一个一个的升职加薪，如果说自己一点都不着急那就是在骗人。可是看着老板那架势，想跟他谈论加薪问题还真是要好好寻思寻思。究竟该怎么办，总不能每个月总拿这么点可怜巴巴的钢镚儿吧！看来是时候该和老板打一场加薪的漂亮仗了。

当加薪已经成为一种遥不可及的奢望，当加班没有加班费逐渐演变成了一种职场潜规则，当你面对老板放言"你的辛苦我知道，想要加薪办不到"的困惑时，我们要予以怎样的一个反击呢？我们一定要让老板不得不给你加薪，至少在想给别人加薪的时候能第一时间想到的是你。

豆豆是个豪爽的东北女孩儿，大学毕业时她跟大部分同学一样选择留在上海发展，经过三年的打拼，目前成为一家专为投资机构量身开发证券应用软件公司的技术骨干，在朋友圈里也算是小有成就。豆豆的目的不是说没有职业发展目标，因为目前的公司平台已给她提供了很好的施展空间，现在她所面临的困惑是自己的工资跟两年前加入时没有任何的改变，可不管从人际关系还是个人能力方面她在公司的成绩大家都是有目共睹的。当问及与老板的关系时，豆豆说道："一般我和老板只是在事务性工作上有所接触，技术问题与主管沟通比较多。"

这虽然只不过是豆豆无意识的一个行为，但却成了她加薪的障碍。即使她的工作能力很强，但是决定她薪水厚薄程度的老板并没有看到她的业绩体现，所以在想给别人加薪的时候往往也不会想起她，因为对她并不是很了解，追根到底豆豆错就错在只会干活，不会和老板沟通上，尽管业绩很好，却都让主管占了便宜，自己这样苦苦等待，最终又能等来什么呢？

老板不是傻子，虽说他总是倡导多劳多得，平等待人，但真到了刀刃儿上能少花一点，就少花一点。尽管你真的很出色，他也觉得你是个可塑之才，但关键时刻他却怎么也不愿意把钱掏出来。这让很多渴望高薪的白领们很伤脑筋，内心也蒙上了一层阴影，自己能力也够了，人缘也有了，怎么工资就只能是最初的那一点点呢？难道是自己的战略上出了问题吗？没错！为了想促使老板给你加薪，或者让老板主动给你加薪，你必须做到以下几点：

不断提高自己地位

你的能力和业绩是向老板谈加薪时最主要的砝码，所以在和老板讨价还价的时候，一定要先把本职工作做好。因为自己的待遇问题而怠慢了工作绝对说不上聪明之举，因为这样做，不但你加薪的目的达不到，没准连自己的这份工作都保不住了。任何人都不会为一个没有责任心的员工提高薪资待遇的。所以为了更好的薪资，你首先要做的，就是尽力提高自己在公司中的地位，让老板觉得你是个无可替代的人才。否则，长江后浪推前浪，这个时代什么都缺，就是不缺人。

对公司薪资事情进行深入了解

在和老板进行薪资谈判之前，你必须深入地了解公司的实际薪资情况，力争做到知己知彼，有备而战。如果你公司的工资制度非常健全，每个级别都严格地按标准进行发放，那么，除了在应该涨工资的时候，比如升职了，只要服务期达到一定标准，适当地提醒一下人事部门就可以了，没有必要再动什么心思。如果公司没有成文的工资制度，那你就应该多费些心思维护一下自己的正当权益了。你可以了解一下公司工资发放的大概体制情况，注意那些"隐性工资"，比如，各种补贴、费用报销标准、奖金系数等的发放。

在合理评估自己身价以后，再跟老板尽情面对面的沟通，只要你的要求恰当合理，当然是很难被拒绝的。

开门见山，直接开口提加薪

有很多人每天每夜都在想加薪，能力和资历也够了，但是一到关键时刻就不好意思张嘴，这就给了老板很多可乘之机。你一定不要不好意思开口提出自己的加薪要求，否则，在追求利润最大化的情况下，公司会节约一切开支。记住，这是在维护你的正当权益，而不是乞讨，你应该底气十足，当然，凡事要讲究方式方法，交谈中要注意策略，柔中带刚，坦然而善谋。

必要的时候，用离职做筹码

如果你的老板没有答应你的加薪请求，先别急着垂头丧气，气得想调头就走，不妨当场问问上司"到底怎样才能达到加薪的要求？"若老板真的能真凭实据地列举出你的不足，那将这些不足熟记于心，及时加以改进，以此作为自己下次谈判的筹码。但是，如果老板只是打哈哈地随便应付你，你就可以使出"离职"这个撒手锏来试探一下他的反应。当然，提出离职只是一种危险的试探，除非你早已留有后路。否则，一旦评估有所闪失，或许老板也会将错就错地批准你的要求。那时，可谓是赔了夫人又折兵。

此外还要注意的是，如果你有加薪的内涵，却没有加薪的外表，每天一副无精打采的样子，行为邋遢，衣着不等，根本就不像一个可以被重用的人，加薪升职当然就不会想到你了。要知道一个人形象的重要远远要超过你的想象。如果你一进门头发乱糟糟，衣服也皱巴巴的，想让老板给你加薪那简直是做梦。同时，想要加薪我们也要采取一定的相应措施，对此你不用过于担心，因为那本身

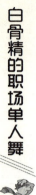

就属于我们自身的合法权益。

"工作很多年了，工资还是那么一点，没有加薪"，这是大多数基层员工的埋怨。加薪几乎是每一位在职人员都希望的，但是想要加薪就得让老板开心，如果你的工作没有给老板带来很多利益，那么别提加薪了，没有给你减薪，那是你的老板已经对你很仁慈了。所以加薪的前提是做好本职工作，让你的老板器重你、重用你，这才是要求加薪最重要的砝码和保证。

该跳就跳，抓住跳槽的最佳时机

是继续留在原来的单位，还是跳槽呢？这是一个很艰难的选择。如果上司告诉你你干得很出色，但是没办法使你晋升，那你就应该考虑到另一个部门，或者跳槽到另一家前景比较广阔的公司。有时候，从长远利益考虑，离开当前的公司是比较明智的选择。

如今这个时代变得越老越现代了，公司和个人都是双向选择的，没有任何一个人敢保证自己会在一家公司奉献自己一辈子的青春。如果公司给予我们的待遇不佳，或者升职前景不容乐观，我们完全可以找机会谋求更好的发展。在今天，即使你是一个忠诚的、工龄很长的老职员，你也同样没有工作保障，但是你可以给自己创造机会。如果你厌倦了现在的工作，如果你感觉到公司开始走下坡路，那么为自己早做准备也不是不可以。

洛洛，在一家从事销售医疗器械的公司工作。在这家原先规模不大的公司任职的 8 年中，公司迅速成长成熟，位于同行业企业中比较领先的位置。对于这家公司，洛洛充满了感情：因为公司的培养和给予机会，加上她自己的能力和实力，洛洛由一名普通的销售，一步步晋升为该公司的华东地区销售总监。所以，这家公司，是洛洛职业生涯迈入成功行列的铺垫。洛洛在同行业中的成功，引起了其他公司的青睐，于是，猎头们纷沓而至。其中一家公司开出的条件非常优厚，让洛洛心动却又困惑不已。离开伴她 8 年怀有深厚感情的公司？毕竟有些舍不得；再说跳槽去新公司，能不能有更好的发展？也是个未知数。

那么到底要不要跳槽呢？首先还是让我们来确定一下跳槽的动机。大致看来，一个人跳槽的动机一般有如下两种：一是被动的跳槽，比如自己对目前的工作不是很不满意，不得不跳槽，这里又具体包括对人际关系（包括上、下级关系）、工作内容、工作岗位、工作待遇、工作环境或工作条件、发展机会等的不满意等方面。比如，你和自己的上司关系不融洽，觉得待的时间再长也得不到发展，自己也觉得适应目前的环境有些吃力，那么恐怕就要考虑换个环境试试了；第二种，是主动的跳槽，即面对着更好的工作条件如待遇、工作环境和发展机会，自己经不住"诱惑"而促使自己跳槽；或者为了寻求更高的挑战与报酬，比如你发现自己的能力应付目前的工作绰绰有余，并且发现了自己真正感兴趣的工作的时候，你就不妨考虑换个工作试试。

时下有一种说法，认为如果频繁跳槽，会给新单位留下不好的印象，实则未必。如果频繁跳槽的确是为了实现生涯规划，过去频繁地弹跳使你完成了生涯规划中的前期部分，而现在正好步入成长期和稳定期，那么用人单位反而会为你的果断而喝彩。但不可否认的是，跳槽一定要瞅准时机，对自己有一个透彻的分析，只有这样才不至于因为不正确的决断影响到以后的发展。

孙瑶大学毕业后就在一家知名的广告公司做助理，做到第三年的时候，就有不少公司聘请她去，而且薪水很高，非常诱人，但是都被她婉言拒绝了。到了工作的第6年，她接受了一家公司的聘请，做了总经理，而且做得非常好。

她说："刚工作的时候，我也曾经多次想过跳槽，但冷静下来，就还是继续干下去了。因为我不仅考虑的是当前的利益，更要考虑的是长远的发展。在第三年的时候，我觉得还没有把那家公司的精髓学会。6年下来，我才真正体会和学习到老板的精髓所在，所以，这个时候我才决定离开。"

如果能在一份职业中把自己的性格、所学专业及兴趣有机地结合起来，那么这份职业无疑将给你带来更多的成功。著名专家杨建鸿说："在跳槽之前，不要着急，也不要盲目。只有既分析了新单位的企业文化，知道这个公司真正需要的是哪类人才，又真正了解了自己想要什么，能否适应企业的真正需求以后再跳，才是真正的理性跳槽。往往经过理性分析以后再跳槽，会发现自己和新公司不管在职责需求企业文化，还是管理机制和价值观上都是相匹配的，这也就找到了真正适合自己的职业。"

跳槽不应只是对高薪或高一级职位的追求，而是对职业生涯进一步发展的追求。越跳越高，高的不仅仅是薪水和职位，更重要的是，使你的职业生涯步入高阶。每一次跳槽，都应该是对自己职业和发展目标的重新设定。

如果你已经下定决心换一个工作，不妨借此好好思考一下未来的职业发展道路，确立一个适合自己的方向，然后在此基础上去挑选新的工作岗位。当你对前途感到彷徨的时候，可以求助职业咨询顾问，或者去做一个职业素质测试，了解自己，准确定位。

你也在准备跳槽吗？你知道跳槽之前应该做什么吗？当你开始认真思考这些问题的时候，说明你开始关注自己的职业发展了。但是，你必须明白：跳槽并不意味着你就能够取得职业的成功，这个时候，寻求职业顾问的帮助才是理性的做法，因为职业顾问会告诉你什么是正确的跳槽、什么是你应该选择的职业方向。一句话：职业顾问会帮助你取得职业生涯的成功！

走前别忘给自己画个完美句号

面对着当前许多职场白领频繁地更换工作，而所带来的不同岗位常常会引起人们的不同感受，跳槽时，我们总是会因为原工作的不顺心、薪水不高、与同事之间没有处好人际关系，与老板不和，等等，都可以作为我们跳槽时的理由，然而理由归理由，在走之前，请务必把你在职场中的句号画圆画满，这样才可以安心地开始继续下一个新的工作。

如今，跳槽已成为职场中平常得不能再平常的现象了。一些人在决定跳槽之时，都是交上辞职信就走人，要么是领了工资，第二天就"消失"了。这些人并不提前跟公司里的人透露辞职的事，也不会提前打好招呼。他们以为，这样能最好地保护自己。可是，世界很大也很小，更何况同在一个抬头不见低头见的职场混。因此，一个成熟的职场中人，应该在辞职之时多考虑一下自己的离开对原公司可能造成的冲击，更应该考虑降低自己的辞职成本。

跳槽的人有各式各样的跳槽心态。有些人在跳槽前，心想："反正不干了，管他是死是活，一切随便！"于是对同事讲话不客气，对上司也粗声粗气。如此恶劣的态度，当然会给人留下恶劣的印象。日后需要旧同事帮忙，绝不会有人愿意拔刀相助，大家都会在心里暗骂：谁会帮这种反复无常的小人！

现代竞争社会里，拥有丰富的人力资源有助于你的事业运转自如，所以当我们跳槽时，要有保护自己人力资源的意识，从过去的工作里淘出属于你的"金子"来，这样的话，你过去的时光就没有白白浪费。留下你的联系方式和电话号码，与上司和同事吃上一顿轻松的晚餐，也是不错的道别方式。记得离开后不时打个电话保持联系，关心公司和同事的发展，与上司聊聊行业的发展动态，会给你带来意外的收获。

南希想辞职了。原因很简单，有家公司开出比现在高了三分之一的工资。有同事对他说："这两年你为公司作的贡献有目共睹，就这样走了岂不可惜。"

可南希不觉可惜，正所谓人往高处走水往低处流，既然有了好去处不抓住机会那才可惜呢。南希来公司两年了，很勤勉地工作，有几个大客户都是南希争取的。老板对他很满意。所以，南希递上辞职书时，老板很觉意外，挽留不住之下，叫南希结清宿舍的房租再走。虽然钱不多，可南希是越想越不服气，四处对人说老板"孤寒"的话，结果惹火了老板，吵了起来，不欢而散。

没想到的是南希服务的新公司原来是一家没有实力的空壳公司，南希过去没有一个月就倒闭了。那段时间南希很落魄，重新找工作时，他真正尝到了艰难的滋味。

这是好些年的事了。两年前，南希又一次跳槽了。这次，南希老老实实按照公司的规矩办妥移交手续，还专程上门拜访了老板，谦虚地承认自己跳槽给公司造成的影响，请求老板的原谅。老板送他出门时，特意叮嘱说："以后有什么需要尽管来找我。"

又如前一次跳槽一样，南希服务的新公司很不理想，只好跳出来自己开了间小公司。虽然南希有管理经验，也熟悉不少的客户，

可公司还是走到了几乎倒闭的关口。南希说："当公司出现严重的资金不足时，是我后来服务过的老板伸了援手帮我渡过了难关。"现在，南希的公司正步入正轨，生意日渐红火。

跳槽在现在的职场是很平常的事情，但好聚好散真的很重要，不要耿耿于怀自己为公司付出了多少，刻意将自己的成绩放大。你的辞职，意味着老板愁着顶替你的人，也正痛着。如果吵一架再走，你可能得一时痛快，但这一念之差，你将失去的可能就是无数次的机会。

那么究竟怎么做才能给自己的上司和同事留一个好印象，给自己的这段职场生涯画一个完美的句号呢？看看下面三点希望能对您有所帮助。

跳槽之前心怀感恩

跳槽是职场中的正常现象。求职者和用人单位是双向选择的，求职者有充分的自由，合则留，不合则走人。因此，跳槽前应泰然处之，而不应该恼羞成怒，心怀报复。

在你离开工作单位的时候，不要带着情绪，更不要到处发牢骚，指责别人或公司。相反，你应该心存感恩之情，多接触一些关键人物，例如主管上司、合作的同事、给予你帮助的人，感谢他们曾经给予你的帮助。离职时，能够妥善处理好人际关系，走得心安理得、体面漂亮，以后的事业会顺利通畅。相反地，若处理不好各方面的关系，走得天怒人怨，反目成仇，将来的路也许会很难走。

别和老板撕破脸

不要与现在的雇主及老板撕破关系，要维持良好的关系才离开，包含交接清楚，因为这世界太小。小到你们会有很多共同朋友，小到你的新雇主会打电话到你老板处问你以前做得怎样？为什么离开？小到过些日子在原来企业会有更合适你的工作，小到你可能要吃回头草，所以一定要好好珍惜每一份工作的情缘。

收尾工作一定要做得漂亮

临走之前，总免不了要面对一些类似于工作交接，项目收尾的工作。即便你是一个马上要离开的人，也一定要尽到自己最后一些职业本分。每一笔单据，每一封信函，都要交代得清清楚楚，以便接手的同事能够在你走后顺利地继续开展工作。这样的良好作风，不但可以让你走得风光漂亮，还会为你赢得不错的人情。

如何跳槽是为人处世的一个重要方面，讲究的是好聚好散。我们应保持自己一贯的工作作风，拿出自己的风度来，善始善终，体面地离去。漂亮的离职会令我们的最后一击干净利落，给上司和同事留下完美而深刻的印象。